U0077557

博碩文化

博碩文化

博碩文化

博碩文化

不可不知的

Docker 開發部署實戰筆記

網站工程師一定要會的8大核心能力

張凱強（Robert Chang）著

徹底學會Docker，讓你求職加分

學會Docker的各種基礎概念 ◆ 應用Docker建置開發

理解Docker虛擬網路的應用 ◆ 管理多個伺服器及倍數容器

靈活運用容器 ◆ 手把手部署前後端分離的應用程式

不可不知的Docker開發部署實戰筆記

網站工程師一定要會的8大核心能力

作　　者：張凱強（Robert Chang）
責任編輯：曾婉玲

董 事 長：陳來勝
總 編 輯：陳錦輝

出　　版：博碩文化股份有限公司
地　　址：221 新北市汐止區新台五路一段 112 號 10 樓 A 棟
電話 (02) 2696-2869　傳真 (02) 2696-2867

郵撥帳號：17484299　戶名：博碩文化股份有限公司
博碩網站：http://www.drmaster.com.tw
讀者服務信箱：dr26962869@gmail.com
讀者服務專線：(02) 2696-2869 分機 238、519
（週一至週五 09:30 ～ 12:00；13:30 ～ 17:00）

版　　次：2022 年 11 月初版

建議零售價：新台幣 620 元
I S B N：978-626-333-308-6（平裝）
律師顧問：鳴權法律事務所 陳曉鳴 律師

本書如有破損或裝訂錯誤，請寄回本公司更換

國家圖書館出版品預行編目資料

不可不知的 Docker 開發部署實戰筆記：網站工程師一定要會的 8 大核心能力 / 張凱強 (Robert Chang) 著 . -- 初版 . -- 新北市：博碩文化股份有限公司 , 2022.11
　面；　公分

ISBN 978-626-333-308-6(平裝)

1.CST: 作業系統

312.54　　111018128

Printed in Taiwan

博 碩 粉 絲 團

推薦序

你是個網站工程師嗎？是前端、後端，還是整碗全部都端走的全端工程師呢？

不管是前端還是後端工程師，現今開發一個網站，已經不像以前用 HTML 加 CSS 切個版再加一些 JavaScript 特效就搞定了，隨著專案的前、後端分工，很多專案的架構也跟著隨之複雜，起手式可能都是得先裝個 Node.js，再執行幾個預先寫好的指令，才能順利開始進行開發。

當你到一家新的公司就職，第一天要做的事通常就是在你工作的電腦裡把專案的開發環境架設起來，這聽起來好像沒什麼，但事實上會遇到的問題可能比想像中的多。例如：有些年久失修（或沒人想動手修）的套件，在其他同事的電腦都沒什麼問題，但在你新買而且效能超猛的 M1 Mac 筆電上就是裝不起來，說不定光是環境可能就花上半天一天的時間。

Docker 已經不是一門很新潮的技術，在這本書裡，你可以學到如何透過 Docker 在自己的電腦架設各種的開發或測試環境。如果是想要在雲端主機上架設伺服器也相當簡單，不用再擔心環境問題。甚至不只架設一台，你可以透過 Docker Swarm 一口氣架設多台伺服器，最後還能外加個反向代理伺服器來處理負載平衡，這全部都能用 Docker 搞定。即使不想架設伺服器，光是可以用乾淨的方式在自己電腦上安裝環境，就很值得投資時間來學習 Docker 了。

記得當年我第一次接觸 Docker 的時候，被它的一堆看起來長得很像的指令組合給搞得有點亂。如果你想找一本關於 Docker 完整的所有指令或是字典型的書，這本書可能會讓你有些失望，但如果你目前是一位網站工程師，想要了解 Docker 的運作原理，或想一條龍的學會從開發到網站部署（對，你就是那條龍），或單純只想在你的個人履歷加點分數，這本書就很適合你。

本書作者 Robert 是我公司的同事，平日大部分的工作是網站開發（主要使用 Ruby 跟 Rails）以及擔任課程助教，除了開發網站應用程式外，開發完成的網站及架構也大多是由他來規劃、部署。有趣的是，他本身並非資訊相關科系畢業，而且不久前才從廚師轉職成網站工程師，除了是個很勵志的故事外，他本人對於技術的學習也是非常積極，每每在討論專案的技術選型或是某些客戶專案的特殊需求，都可以在他眼中看到發光的眼神，就我工作、教學二十多年的經驗，我很清楚那種東西就叫做「熱情」。

我一直都相信「新手是很好的教學者」，因為是新手，所以會更清楚自己踩過的雷要怎麼跟新手解釋，會比一般從官網文件整理出來的教科書更有感覺。

五倍學院 / 五倍紅寶石程式資訊教育股份有限公司負責人

高見龍 謹識

前言

為什麼要寫這本書？

時間回到某天，老闆在公司內部群組裡問：「有沒有人想寫 Docker 技術書？」我幾乎不加思索地就回答：「我！我要寫！」

因為我一直有在使用並且關注這項技術，畢竟在求職網站上 Docker 一直是加分條件，總感覺在 2022 年，口袋中拿不出 Docker 這項技能會很吃虧。

同時也看到許多新手對於 Docker 的使用感到一知半解，甚至是一頭霧水，便在那個瞬間下定決心，要把這項技術用簡單易懂的方式分享給大家，也順便給當初那個一頭霧水的自己畫下一個里程碑。

寫到這邊，發覺自己的理由真的是有夠不踏實的，不像坊間的 Docker 書籍，大多是在龐大的系統架構上，需要同時應付多種不同的作業系統，或是快速交付及部署，才使用 Docker 這項技術。而自己竟然是因為在求職網站上看到是加分條件才默默學習，真的是慚愧不已。

但這樣充滿銅臭味的動機，並不會讓這本書因而草草了事，我還是非常仔細思考整本書的架構，要如何讓一個新手真的能夠使用且理解 Docker。

我也把自己這段時間使用 Docker 時，不論是在開發端或是部署階段的心得，以及踩到的雷點都放進書裡，希望大家都能夠掌握這項技術，應用在手邊的 Side Project 或是導入目前在運作的專案中。

張凱強 謹識

聯絡我

Hi，我是 Robert，這本書的作者，目前任職於五倍紅寶石程式教育機構（2022），主要在寫 Rails 及 JavaScript，可以透過下面兩種方式聯繫到我：

- **Email**：robertchang0722@gmail.com
- **Github**：https://github.com/Robeeerto

關於本書

本書使用版本

- **作業系統**：macOS Monterey 12.4。
- **Docker Client & Engine 版本**：20.10.17。

本書內容

- Docker是什麼？我們可以利用它來解決什麼問題？
- Container（容器）的應用，先從使用開始。
- Image（映像檔）的建置，從單一建置到多階段建置都將娓娓道來。
- Volume（容積）以及Mount（掛載）的應用，如何保存資料也是網站開發相當重要的環節。
- Docker的網路是如何運作，為何能夠打開通往網際網路的大門？
- Docker Image的Registry（儲存空間），從預設的Docker Hub到建立屬於自己的Registry。
- Docker Compose讓你透過YAML（YAML的意思其實是「Yet Another Markup Language」）來管理多個容器，搭配簡易的指令做一個完整的應用程式。
- Docker Swarm擴展應用程式，從一台機器到一百台機器，全部靠它來搞定。
- 使用Traefik實戰部署，讓你也能夠快速部署手邊專案。

本書的閱讀方式

這裡主要說明關於閱讀這本書最舒服的方式，以及在閱讀時可能會出現的疑難雜症，順便推薦學習 Docker 最好用的兩個 VSCode 外掛。

$ 字號代表什麼？

在這本書中看到的所有 $ 字號，都代表著「在終端機中輸入」的意思，例如：

```
$ docker version # 在終端機中輸入此指令
```

省略的終端機輸出

Docker 有許多的指令會輸出超大篇幅的資料，為了不要讓版面的篇幅充斥著終端機輸出的訊息，非該章節主要解釋之內容，都將會使用「...」來進行省略。但是，只要照著範例實作，在自己的電腦上是可以看到完整的輸出訊息，下方是省略的範例：

```
$ docker container inspect redis
[
  ...
  {
    "Id": "f16945870915d52fad01d1d9....", <- 過長的雜湊值也會省略
    "Created": "2022-09-27T02:30:10.126967866Z",
    ...
  },
  ...
]
```

範例及練習題在哪裡？

本書的每一個章節都有練習題或是範例程式碼放在GitHub上。當然，在每一個章節都還是會有使用`git clone`的提示，所以對於Git非常熟悉的朋友們，可以直接跳過這個段落，開始學習使用Docker。

閱讀此處內容的讀者們，我都假設是沒有使用過Git或是GitHub的經驗。首先到瀏覽器內輸入網址：URL https://github.com/Robeeerto/Docker-Book-Example，將會帶你到本書所有章節的範例以及練習題的程式碼儲存庫，然後點擊綠色的「Code」按鈕，可以將程式碼的壓縮檔下載到電腦中。

VSCode的外掛推薦

本書所有的內容都是使用VSCode作為主要的編輯器，包含我自己日常也是使用VSCode，所以在這邊推薦一些VSCode上Docker常用的外掛。這些外掛在之後的章節中，可以幫助你降低撰寫Dockerfile的難度，有好用的工具來降低學習曲線，何樂而不為呢？

至於VSCode的安裝教學，這裡就不多加贅述，上網搜尋就可以輕鬆地一鍵安裝。

|STEP| 01 首先打開VSCode編輯器後，可以看到左邊有一個像是方塊組成的圖示，就是外掛商店的概念，也可以看到自己安裝了什麼外掛。

❖圖0-1 VSCode的外掛商店

|STEP| 02 點擊進入後，可以看到上方有搜尋框，這裡可以輸入任何你想找到的外掛，那我們就開始推薦外掛吧！

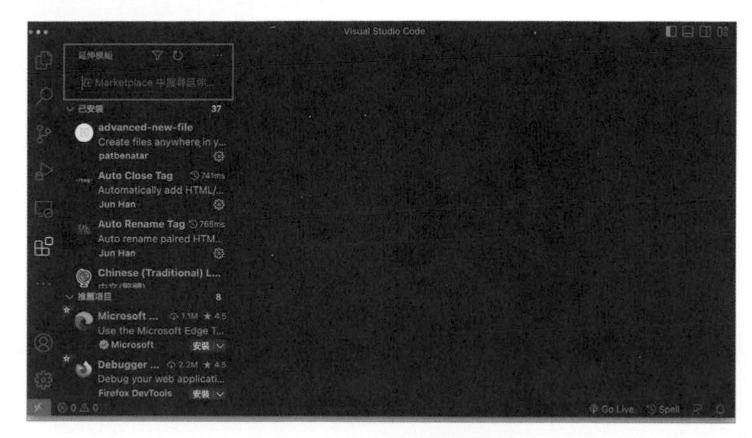

❖圖 0-2　外掛的搜尋位置

Docker 外掛

這個是使用 Docker 最基本的外掛，就算不安裝，只要 VSCode 偵測到打開的資料夾中有 Dockerfile，就會提示要不要安裝，基本上不安裝都不行，每次都會跳出來，很惱人。

至於好不好用呢？非常好用，尤其在新手階段，對於 Dockerfile 參數撰寫還不夠熟悉，導致每次都要邊翻 Docker 文件邊寫，很容易導致思緒不連貫。而這個外掛直接幫助你實現了 AutoComplete（自動補全）的效果，簡直是居家旅行、必備良藥呀。

❖圖 0-3　Docker 外掛

Remote Development 外掛

若需要遠端連線機器（伺服器）的話，這個外掛也是極度推薦，在之後的章節中，我們也會利用 SSH 的方式連線到遠端的機器內。這個模組可以讓我們在本地中直接利用 VSCode 連線，使用起來就像在操作自己的電腦一樣。

這個外掛還會另外安裝三個延伸的外掛，分別是「Remote - WSL」、「Remote - Containers」、「Remote - SSH」。只要安裝 Remote Development，就可以三個願望一次滿足，尤其是使用 Windows 搭配 WSL 的夥伴們。

- **Remote - WSL**：讓你可以在 VSCode 裡面看到所有 WSL 內的檔案，使用上感覺非常的絲滑，讓你不覺得像是連線到虛擬機器之中。
- **Remote - SSH**：讓你可以透過 VSCode 來設定每一個遠端機器的 DNS 以及驗證所需的 key 路徑，只要一鍵就能進入遠端機器，並且是使用 VSCode 操作。
- **Remote - Containers**：可以透過 VSCode 進入容器內，用習慣的人也會相當依賴，讓新手對於操作容器比較不害怕，不必擔心要從終端機去看檔案系統，或是用終端機指令來新增檔案等。

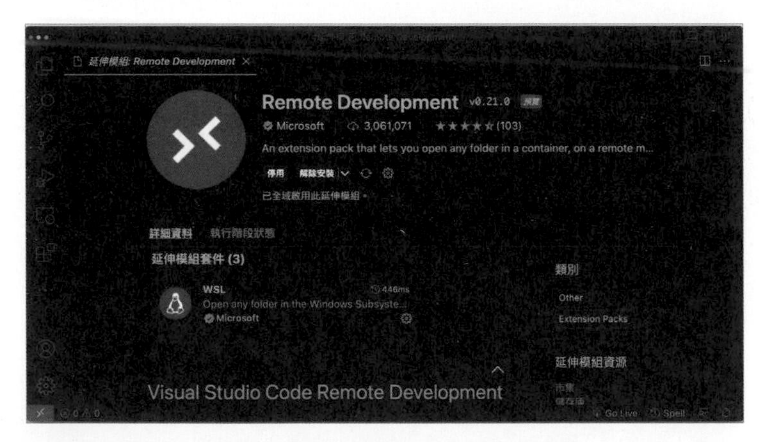

❖圖 0-4　Remote Development 外掛

安裝 Docker

這裡介紹三種作業系統的Docker安裝方式。

Linux 作業系統

不論是想要在自己的Linux系統上安裝Docker，或是在部署的機器上安裝Docker，都是一件輕鬆簡單的事，因為Docker就是Linux的親兒子。這邊提醒一下，儘量不要使用原生系統的套件管理工具來安裝Docker，像是apt / apk等，可能會安裝到較舊的版本，導致有些新功能沒辦法使用，可以根據下面提供的兩種方式來安裝Docker：

安裝 Docker Desktop

在2022/05/10時，Docker宣布他們在Linux系統上推出了桌面應用程式，圖形化在某種程度上讓操作的難度大幅下降，對於害怕輸入指令的朋友們有福了，快選用這種方式安裝。

詳細的安裝方式可以參照Docker的官方網站，透過Google的搜尋框，輸入「docker desktop on linux」關鍵字，相信我第一個絕對就是你要的答案，可以看看自己的系統是不是符合需求，並且依照官方的步驟進行安裝。

手動安裝 Docker Engine

這個安裝方式則要透過終端機，先打開終端機，並且確認有安裝curl工具後，接著你可以透過以下指令安裝：

```
$ curl -sSL https://get.docker.com | sh
```

以腳本的方式來安裝Docker，這將會安裝最新的版本，而非最穩定的版本，官方並不推薦在正式環境使用此種安裝方式，但我認為只是要在本機上學習Docker，這是一個很好的安裝方式。

macOS 作業系統

在macOS上安裝Docker Desktop，必須是macOS Sierra 10.12或是更高的版本，可以點擊左上方的蘋果圖示，然後選擇「關於這台Mac」查看你的版本。

詳細的安裝方式可以參照Docker的官方網站，透過Google的搜尋框，輸入「docker desktop on macOS」關鍵字，相信我第一個絕對就是你要的答案。下載後執行安裝程序，會在時鐘旁邊的Mac選單列中，看到Docker的鯨魚圖示。

Windows 作業系統

以下也提供兩種在Windows上安裝Docker的方式：

安裝 Docker Desktop

在Windows上安裝Docker Desktop，必須是Windows 10 Professional或是Enterprise版本，請先確認Windows的版本高於1809（可以使用命令列檢查作業系統版本）。

詳細的安裝方式可以參照Docker的官方網站，透過Google的搜尋框，輸入「docker desktop on windows」關鍵字，相信我第一個絕對就是你要的答案。下載後執行安裝程序，會在右下角的任務選單中，看到Docker的鯨魚圖示。

透過 WSL 的 Linux 作業系統安裝 Docker Engine

這是我個人比較推薦的安裝方式，先透過Windows所推出的WSL來安裝Linux作業系統，接著進入內部後安裝Docker Engine。

至於WSL的安裝方式，這邊就不多做贅述，一樣透過Google搜尋輸入「安裝WSL」關鍵字，就會找到答案。微軟的官方文件寫得非常詳細，照著做就能夠成功安裝Ubuntu這套Linux的作業系統。

接著進入到Ubuntu內部後，先安裝curl這個工具：

```
$ sudo apt install curl
```

安裝完curl後，輸入以下指令，就完成Docker的安裝：

```
$ curl -sSL https://get.docker.com | sh
```

確認安裝狀態

接著要來確定是否安裝成功，其實很簡單，我們只要輸入 `docker version` 指令，就能和 Docker 進行溝通，若是沒有回應，則可能是安裝過程出了差錯，或是 Docker 本身沒有被開啟：

```
$ docker version
Client:
 Cloud integration: v1.0.24
 Version:           20.10.17
 API version:       1.41
 Go version:        go1.17.11
 Git commit:        100c701
 Built:             Mon Jun  6 23:04:45 2022
 OS/Arch:           darwin/amd64
 Context:           default
 Experimental:      true
Server: Docker Desktop 4.11.1 (84025)
 Engine:
  Version:          20.10.17
  API version:      1.41 (minimum version 1.12)
  Go version:       go1.17.11
  Git commit:       a89b842
  Built:            Mon Jun  6 23:01:23 2022
  OS/Arch:          linux/amd64
  Experimental:     false
 containerd:
  Version:          1.6.6
  GitCommit:        10c12954828e7c7c9b6e0ea9b0c02b0
 runc:
  Version:          1.1.2
  GitCommit:        v1.1.2-0-ga916309
 docker-init:
  Version:          0.19.0
  GitCommit:        de40ad0
```

接著來確認一下 Docker Compose 是否也有安裝成功，輸入 `docker compose version` 指令來試試看：

```
$ docker compose version
Docker Compose version v2.6.1
```

不需要在意版本是否與書上相同，只要有成功的回應，都是安裝成功的證明。

目錄

Docker 介紹

1.1 Docker的誕生

2010年，幾個年輕人在舊金山成立了一間叫做「dotCloud」的PaaS（平台即服務）公司，還獲得了創業孵化器「Y Combinator」的支持。雖然dotCloud在期間獲得過不少的融資，但隨著各大科技巨頭紛紛插旗PaaS服務，dotCloud在這條路上明顯走地戰戰兢兢。

而在2013年，dotCloud的工程師們決定將他們的核心技術Docker開源，這項技術本身能夠將Linux容器中的程式碼打包，輕鬆地在各個伺服器之間搬移。

顯然是無心插柳柳成蔭，Docker的技術風靡全球，於是dotCloud決定改名為「Docker Inc」，全心投入到Docker的開發中，並在2014年8月，Docker宣布把PaaS的業務dotCloud出售給德國的另一個PaaS服務商cloudControl，自此dotCloud和Docker正式分道揚鑣。

在過去的9年裡，Docker火箭式地成長，基本上成為了雲端環境的標準，且Docker在PaaS、IaaS的平台上展現出的商業潛力以及PaaS市場的緊縮，都讓dotCloud難以脫穎而出。

因此，那些小型且以開發者為中心的PaaS供應商逐漸走向衰落，畢竟這些小公司都是用相同的開源專案作為基礎，市場是非常現實的，擁有龐大資本及頂尖技術的科技巨頭們才是這場PaaS比賽的頭號種子。CloudControl不可避免地受到了衝擊，宣布破產也成為了dotCloud服務關閉的主要原因。由於dotCloud使用的是Heroku的buildpacks系統，因此那些還在使用dotCloud服務的開發者們將被轉移至Heroku的平台。

簡單介紹一下Heroku，它可說是最早一批開始做PaaS的平台，2010年時被Salesforce收購，它被重組以彌補Salesforce在這方面的缺陷。這麼多年了，很難說PaaS的市場到底有多大，主要的供應商如Amazon的Web Services、微軟的Azure、Google Cloud Platform都相繼提供PaaS的服務，所以小公司在這樣的環境下真的難以生存。

而 Docker 在 2013 年和 dotCloud 分道揚鑣的決定，現在看來是一個非常明智的決定，Docker Inc. 主要專注在 Docker Desktop 及 DockerHub 上的經營，算是在市場中殺出一條血路，也讓我們見證了 Docke 前身的衰敗，以及現在的 Docker Inc. 如何在這紅海中壯大自己。

1.2 軟體產業的變革

從 90 年代初期的大型計算機到個人電腦的普及，絕對是一個跨時代的革命，而個人電腦的普及，也進而推動了軟體產業的快速發展，現代技術的更新速度遠遠不是 90 年代前可以比擬的。

接著到了 2000 年開始的租賃裸機伺服器，也就是將大型的伺服器切割成數台虛擬化的主機來租賃給中小型的企業，可以說是虛擬化技術的開端。我聽老闆講古時說到，當時都要騎著摩托車到內湖的機房內連接實體的伺服器，還要接上螢幕和鍵盤，才能開始處理網站的問題，這是現在的我遠遠無法想像的，網站出問題了，竟然不能透過自己的電腦遠端連線處理。

而 2007 至 2008 年迎來了雲端運算的開端，Amazon 推出了 AWS，大家開始將手邊的網站部署至雲端，在本地利用 SSH 的方式連線伺服器，並輸入指令來開啟、關閉或是擴充雲端上的服務。同時也正式宣布了大雲端時代的降臨，各個科技巨頭接連插旗，並提供雲端運算的服務。

到了現代，出現了像 Docker 這麼方便的工具後，我們不必侷限在一個平台上，甚至不需要侷限在一個作業系統上，這解決了很大一部分在上個世代部署及遷移所面臨的問題，讓開發人員能夠更專心地撰寫程式碼，以提升應用程式的品質。

瞭解這 30 年間軟硬體的演進後，現在我們只要坐在辦公室對著終端機敲敲打打，就可以部署一個網站，可說是多麼的難能可貴。

1.3 Docker是什麼？

我們在學習程式語言時，不太會出現「這個是什麼」的問題，畢竟就是程式語言嘛！但是Docker呢？這個問題在我剛開始學習的時候，也困擾了很久。

我究竟要用什麼樣的方式來描述Docker這個工具呢？當有人問我：「Docker是什麼」時，我應該怎麼回答呢？我會說：**Docker是一個用於開發、交付以及執行應用程式的平台**。有了Docker，你可以很輕鬆地管理應用程式，透過Docker提供的API來快速交付、測試和部署程式碼。

利用Docker讓開發環境和正式環境一模一樣，以減少部署到正式環境中的耗時，而所謂的「減少耗時」，就是讓部署到正式環境的意外降到最低，進而使得開發人員能夠專注開發來提升開發速度，這是Docker最令人興奮的一點，讓所有的事情都變得更快、更有效率、更一致，且更簡單。

Docker提供了在容器中的隔離環境，裡面包含了運作應用程式的能力，隔離的特性可以讓你在一個主機上同時執行多個容器。這裡大可放心，容器是非常輕量且可拋棄的，不會占用電腦過多的硬碟空間，而在容器裡裝好了執行應用程式所需的一切工具後，就不需要依賴本機安裝的工具，你可以在工作時輕鬆使用容器，並確保所有的同事都使用了相同的容器，在同樣的環境中開發。

1.4 我可以用Docker做些什麼？

上一小節說明了「Docker是什麼」後，可能還是很難有共鳴，畢竟很多工具都是在解決了實際的問題後，才會感受到其強大之處，所以我們用現實會發生的情境來舉例。

假設你是一個 Web 工程師，可能曾經遇到過要跑測試，自己手動部署，接著再手動測試應用程式的循環之中，一天的時間除了開發之外，有一堆時間在等待，或是痴痴地看著終端機在表演。

一次兩次或許會覺得還好，但長時間下來就有可能會造成程式碼的品質下降，畢竟你除了要寫好程式之外，還要分心在部署及測試上，但一天的時間就那麼多，除非要自願性加班，不然可能會產生**程式碼只要能動就好了**的心態，久而久之，變成一個惡性循環。

以上的情境可以透過 Docker 容器便於遷移的特性，輕鬆建立起 CI / CD 的流程，讓你將程式碼推上 GitHub 後，就可以去做別的事情，等待 CI / CD 的流程中沒有出現差錯後，就會自動部署最新的版本到網站上。

以前的情況也不是做不到 CI / CD，但在 Docker 出現後，讓這件事情的建置難度大幅度地下降，如同前面提過關於容器中環境的一致性，讓我們在自動化測試、自動部署的階段，都能夠拋開不同作業系統所帶來的難題，這也是提到 Docker 很難不提到 CI / CD 的主要原因。

第二個情境，今天公司有新的同事上工了，給了他一份完整的上工文件，裡面包含了開發所需要的相依套件版本、作業系統版本、程式語言版本等，並且讓他在自己的電腦中安裝符合的開發環境，經過一整個早上，某個套件沒辦法編譯、程式語言遇到路徑設定的問題、作業系統需要升級等，你可能要親自抽空過去幫忙看看問題出在哪，況且現在還流行遠端工作，對於新人上工所遇到的問題，很難透過遠端去解決，導致雙方都因為建立開發環境，而消耗了很多本來可以節省的時間。

以上的情境，我們可以透過 Docker Compose 來設定好一個固定的開發環境，而且上工的文件中，只需要給予環境變數等相對敏感的資訊，並且附上使用 Docker 會遇到的幾個 Q&A，之後透過 Docker Compose，就能一鍵啟動整個開發環境。讓新來的同事只要安裝 Docker 就能夠快速上工，免除了開發環境不相同的煩惱，同時也讓生產力的銜接能夠不間斷。

當然還有很多可以做到，像是今天買了一台新電腦，可以不需要安裝太多的編譯工具和服務（Redis、PostgreSQL 等）在電腦上，我只需要安裝 Docker，就可以得到大部分 Web 開發所需要的服務，並且讓新電腦保持一個乾乾淨淨的狀態，想到就覺得非常愉悅呢。

上述都是你可以用 Docker 做到的事情，或許在學習的過程中，也意外地發現還可以用 Docker 做些特別的事情，也不一定哦！

1.5 Docker 的基礎架構

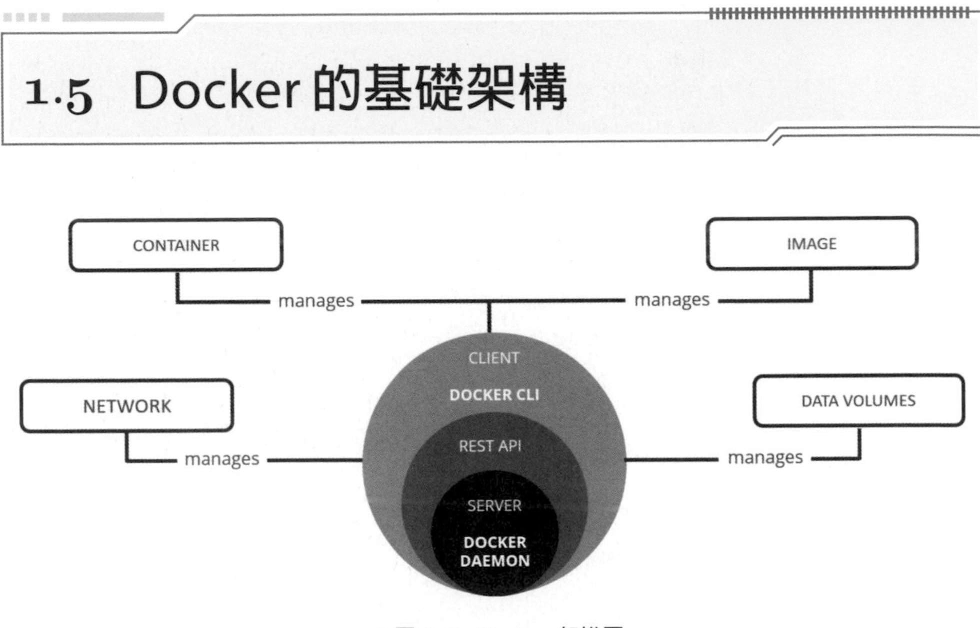

❖圖 1-1　Docker 架構圖

Docker 本身使用的是主從式架構（Client-Server），Docker Client 與 Docker Daemon 進行對話，後者負責組織整個 Docker 物件執行的重任。基礎的 Docker Client 及 Docker Daemon 是運作在同個作業系統上，當然也可以將 Docker Client 連接到遠端的 Docker Daemon。

Docker Client 和 Docker Daemon 之間使用的是 REST API，透過 UNIX 的 socket 及網路介面進行通訊，另一個 Docker Client 是之後會提到的 Docker Compose，它可以讓你簡單管理由不同容器所組成的應用程式。

Docker Daemon

Docker Daemon 負責監聽 Docker API 的請求，並且管理 Docker 的物件，像是映像檔（Image）、容器（Container）、虛擬網路（Network）以及 Volume，還可以和其他的 Daemon 進行通訊，管理 Docker 整體服務。

Docker Client

Docker Client 是大部分用戶和 Docker 互動的主要方式，當你使用 `docker container run` 指令的時候，Client 就會將這段指令透過 REST API 發送給 Docker Daemon，並由其執行背後程序，一個 Client 可以和一個以上的 Daemon 通訊。

Docker Registries

Docker Registry 是專門儲存映像檔的倉庫，DockerHub 則是任何人都可以用的公共倉庫（像是 Github），Docker 本身預設就是在 DockerHub 上面尋找映像檔，這在之後的「第 4 章 Docker 映像檔」中會有詳細的解說。

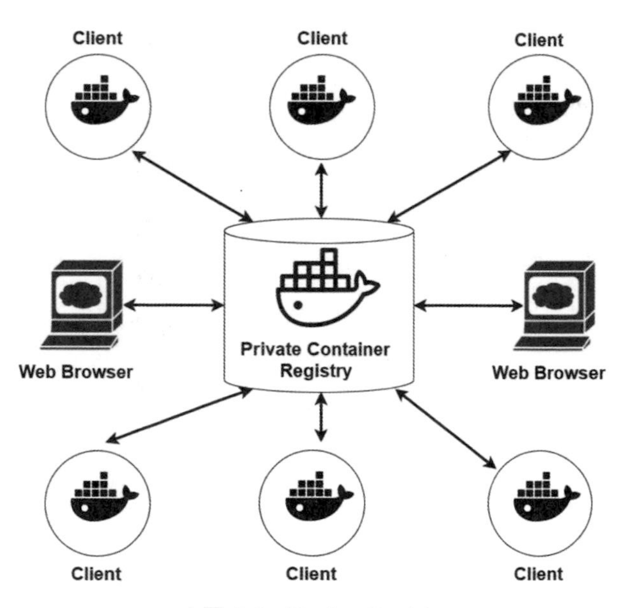

❖圖 1-2　Docker Registry

你也可以建立屬於自己的私人倉庫，來存放一些只屬於公司內部或是自己的映像檔。當你使用 `docker pull` 或是 `docker container run` 指令時，所需的映像檔就會從設定好的倉庫中拉出；當你用 `docker push` 指令時，映像檔就會被推送到你設置的倉庫當中，沒有設定的情況下，倉庫都預設為「DockerHub」。

Docker 物件

接著就是我們在本書中最常使用到的幾個Docker物件。至於「物件」這個詞，我自己覺得非常適合，因為Docker使用起來就像是樂高積木一樣，可以自由地操控每一個物件的組裝。

在接下來的內容中，我儘量會用中文的方式來解釋Docker的物件。例如：「映像檔」(Image)在之後的文章中就不再以「Image」出現，而是用「映像檔」；而「容積」(Volume)這種翻譯後閱讀起來不順暢的字詞，就會改用英文「Volume」來呈現。

映像檔(Image)

「映像檔」本身是一個唯讀的樣板搭配一長串的指令，在大部分情況下，一個映像檔是基於另外一個映像檔(大部分都是使用官方映像檔)，並加上一些額外的參數所建立。

舉例來說，你可以建立一個基於Ubuntu的映像檔，在裡面利用指令安裝任何你需要的套件，像是vim、git等，並打包成自己的映像檔，執行成容器時，就會擁有vim、git等套件的功能。

當然，你也可以製作屬於自己的映像檔，或可以使用那些別人建置並發布在DockerHub的映像檔，但要記得挑選有認證過的映像檔，以大幅降低安全性的考量。

但如果你要建立屬於自己的映像檔，就需要撰寫Dockerfile，這在「第4章 Docker映像檔」中會有詳細的解說，可以說是上手Docker的基礎，只需要用簡單的語法來定義映像檔，以及執行成容器所需的步驟與工具。

容器（Container）

「容器」是映像檔的運作實體，可以透過 Docker Client 發送 API 來啟動、暫停、刪除容器，也可以將一個容器連接到一個以上的虛擬網路，甚至根據其當前的狀態建置一個新的映像檔。

預設情況下，一個容器和其他容器及主機是相對隔離的，但可以透過控制容器的虛擬網路，來把其他容器加入相同的網路，改變之間的隔離程度。

容積（Volume）

「Volume」是一個非常重要的物件，本身運作於容器之外，確保容器刪除後的資料保存。而 Volume 是儲存在主機上的，和容器本身的生命週期無關，這讓使用者可以輕鬆地在各個容器間共享檔案系統。

而 Volume 有兩種不同的使用方式，分別是 Volume 及 Bind Mount（掛載），這在「第 5 章 Docker Volume」中會有詳細的介紹。

虛擬網路（Networks）

Docker 之所以如此強大，有一部分原因是可以使容器們相互溝通，並將服務串連，亦或是將它們連接到非 Docker 的執行環境。容器本身甚至不需要知道自己是否被部署在 Docker 上，都是靠著 Docker 的虛擬網路來輕鬆達到連線的功能。

1.6 Docker 的指令格式

首先，從瞭解 Docker 的指令開始學習，礙於 Docker 所提供的指令實在太多太雜，所以官方在後來區分成了兩個層級的指令，我們可以直接對著終端機輸入 `docker`，會看到 Docker 列出了很多的指令。

```
$ docker
Usage:  docker [OPTIONS] COMMAND
A self-sufficient runtime for containers
Options:
…
Management Commands:
…
Commands:
…
```

Options內主要是一些Docker的全域設定，可以先不用理會。剛剛提到的兩個層級的指令，分別是Management Command及Command，我們用 `docker container run` 指令來解說：

```
$ docker container run …

# 這邊的container是被操作的物件，也就是Management Command
# run則是對物件進行的動作，也就是Command
```

Management Command本身是可以被操作的Docker物件，而Command則是對於該物件的執行動作，上面的例子就是執行一個容器。

這次用 `docker network create` 指令：

```
$ docker network create …

# network是被操作的物件，也就是Management Command
# create則是對物件進行的動作，也就是Command
```

上面的例子就是建立一個虛擬網路。

現在對於Docker的指令有一些基本的瞭解，你可能會想：難道要全部背起來嗎？當然不用，有一個我自己很常使用的作法，也是我覺得Docker做得最好的功能之一，就是 `--help` 這個指令。

用法就是在你忘記任何指令的時候加上去，Docker 本身的 CLI 提示做得非常完整，絕對可以讓你找到需要的指令。

舉一個情境，我在使用 `docker container run` 指令時，忘記後面需要加入什麼樣的指令，就放入 `--help`，如同下方的示範，Docker 會提示我在當前指令的後面可以添加什麼樣的參數：

```
$ docker container run --help
Usage: docker container run [OPTIONS] IMAGE [COMMAND] [ARG...]

Run a command in a new container

Options:
  --add-host list Add a custom host-to-IP mapping (host:ip)
  --attach list Attach to STDIN, STDOUT or STDERR
…
```

希望大家能養成使用 `--help` 指令的習慣，會有很多意外的收穫。

指令的縮寫

本書中的所有指令都會採用完整的寫法，最大的目的是希望讀者可以瞭解縮寫的原意是什麼，這在使用指令上也可以幫助記憶，一開始可以嘗試多多使用完整的指令，習慣之後再開始嘗試使用縮寫會比較好喔！

M E M O

Docker 容器

2.1 容器的生命週期

本章中，我們將會先從使用容器、啟動容器、執行容器到最後刪除容器，在跟著實作的同時，也可以思考一下Docker的運作模式，最後會找到一個清晰的脈絡，漸漸地就可以對Docker有更高的熟悉度。

2.1.1 啟動容器

首先，我們建立一個nginx[†1]的容器作為開頭：

```
$ docker container run --publish 80:80 nginx
/docker-entrypoint.sh: /docker-entrypoint.d/ is not empty, will attempt to
perform configuration
/docker-entrypoint.sh: Looking for shell scripts in /docker-entrypoint.d/
/docker-entrypoint.sh: Launching /docker-entrypoint.d/10-listen-on-ipv6-by-
default.sh
10-listen-on-ipv6-by-default.sh: info: Getting the checksum of /etc/nginx/
conf.d/default.conf
10-listen-on-ipv6-by-default.sh: info: Enabled listen on IPv6 in /etc/
nginx/conf.d/default.conf
/docker-entrypoint.sh: Launching /docker-entrypoint.d/20-envsubst-on-
templates.sh
/docker-entrypoint.sh: Launching /docker-entrypoint.d/30-tune-worker-
processes.sh
/docker-entrypoint.sh: Configuration complete; ready for start up
2022/10/01 07:38:25 [notice] 1#1: using the "epoll" event method
2022/10/01 07:38:25 [notice] 1#1: nginx/1.23.1
2022/10/01 07:38:25 [notice] 1#1: built by gcc 10.2.1 20210110 (Debian
10.2.1-6)
2022/10/01 07:38:25 [notice] 1#1: OS: Linux 5.10.124-linuxkit
```

†1 nginx為一個非同步框架的網頁伺服器，也可以用於反向代理、負載平衡器和HTTP快取。

```
2022/10/01 07:38:25 [notice] 1#1: getrlimit(RLIMIT_NOFILE): 1048576:1048576
2022/10/01 07:38:25 [notice] 1#1: start worker processes
2022/10/01 07:38:25 [notice] 1#1: start worker process 31
2022/10/01 07:38:25 [notice] 1#1: start worker process 32
2022/10/01 07:38:25 [notice] 1#1: start worker process 33
```

接著打開你的瀏覽器並輸入「http://localhost」，就能看到圖 2-1 的畫面，恭喜你執行了人生第一個 Docker 容器。相較以往，如果要在 macOS 上執行 nginx，需要使用 `brew install nginx` 指令的方式，還會將執行檔留存在電腦上，使用 Docker 啟動可以說輕鬆無負擔。

Welcome to nginx!

If you see this page, the nginx web server is successfully installed and working. Further configuration is required.

For online documentation and support please refer to nginx.org.
Commercial support is available at nginx.com.

Thank you for using nginx.

❖圖 2-1 Nginx 歡迎畫面

2.1.2 退出非背景執行容器

接著回到終端機的畫面，會發現其似乎停滯了，這些文字都是執行 nginx 的輸出。至於如何把執行中的容器退出，在非背景執行的情況下，可以採用 Ctrl + C 鍵的方式來退出容器：

```
2022/10/01 07:43:52 [notice] 33#33: exiting
2022/10/01 07:43:52 [notice] 33#33: exit
2022/10/01 07:43:52 [notice] 32#32: exiting
2022/10/01 07:43:52 [notice] 32#32: exit
2022/10/01 07:43:52 [notice] 31#31: exiting
2022/10/01 07:43:52 [notice] 31#31: exit
2022/10/01 07:43:52 [notice] 1#1: signal 17 (SIGCHLD) received from 32
2022/10/01 07:43:52 [notice] 1#1: worker process 32 exited with code 0
2022/10/01 07:43:52 [notice] 1#1: worker process 33 exited with code 0
```

```
2022/10/01 07:43:52 [notice] 1#1: signal 29 (SIGIO) received
2022/10/01 07:43:52 [notice] 1#1: signal 17 (SIGCHLD) received from 31
2022/10/01 07:43:52 [notice] 1#1: worker process 31 exited with code 0
2022/10/01 07:43:52 [notice] 1#1: exit <- 輸入 Ctrl + C

$
```

2.1.3 列出執行中的容器

輸入 `docker container list` 指令，可以列出執行中的容器：

```
$ docker container list
CONTAINER ID    IMAGE COMMAND   CREATED    STATUS     PORTS      NAMES
```

而空無一物是因為剛剛的 nginx 容器已經被退出了，並不在執行容器的名單中。

2.1.4 列出包含退出狀態的容器

加入 `--all` 參數，能夠列出包含退出狀態的容器，也可以透過下方指令看到剛才的 nginx 容器：

```
$ docker container list --all
CONTAINER ID    IMAGE COMMAND   CREATED    STATUS     PORTS    NAMES
273a9357234e    nginx "/do.."   9 mi...    Exited              char..
```

2.1.5 啓動退出狀態的容器

對於退出狀態的容器，我們並不需要使用 `docker container run` 指令來啟動，而是可以直接對容器執行 `docker container start` 指令來喚醒：

```
$ docker container start 273a93
273a93
```

這裡後面帶入的273a93是容器獨一無二的ID，在你的電腦上所執行的nginx容器和我的ID並不會相同，你的本機nginx容器ID可在docker container list --all時看到，只需要輸入前幾碼，讓Docker能夠比對並找到要啟動的容器即可。這時回到瀏覽器輸入「http://localhost」，又會看到nginx重新被啟動了。

2.1.6 退出背景執行的容器

透過docker container start指令的方式，會發現容器自己進入了背景執行，這時利用Ctrl+C鍵的方式沒有辦法退出容器，我們可以透過docker container stop指令來退出容器：

```
$ docker container stop 273a93
273a93
```

2.1.7 刪除退出狀態的容器

「刪除容器」其實有兩種作法，這裡先介紹要如何刪除一個已經進入退出狀態的容器。在上一小節中，我們退出了在背景執行的nginx容器，接下來我們要刪除它，完整一個容器的生命週期。我們輸入docker container rm指令，並搭配容器的ID（這裡的rm意指「remove」的意思）：

```
$ docker container rm 273a93
273a93
```

接著，為了證實「容器被刪除」這件事，我們再次列出包含退出狀態的所有容器：

```
$ docker container list --all
CONTAINER ID IMAGE COMMAND CREATED STATUS PORTS NAMES
```

2.1.8 背景執行容器

在上一小節中，我們重新運作停止的nginx容器後，發現其進入背景執行的狀態，那要如何在一開始啟動容器時，就指定進入背景狀態呢？只要在原先的指令上加入 --detach的參數，便能夠使容器在一開始就進入背景執行狀態：

```
$ docker container run --publish 80:80 --detach nginx
5cef016820f622def62a46d59f4a9c2e812b616168558492d8bb6864db2f661c
```

2.1.9 強制刪除正在執行中的容器

前面介紹的刪除容器，只能應用在退出狀態的容器，若是我們直接對運作中的容器執行刪除指令，會出現以下的錯誤訊息：

```
$ docker container rm 5cef01
Error response from daemon: You cannot remove a running container 5cef016
820f622def62a46d59f4a9c2e812b616168558492d8bb6864db2f661c. Stop the
container before attempting removal or force remove
```

內容提示我們，請先退出再刪除，或是使用force remove的方式，只要加入 --force的參數，就能夠強制刪除執行中的容器：

```
$ docker container rm --force 5cef01
5cef01
```

為了證實「容器被刪除」這件事，我們再次列出所有包含退出的容器：

```
$ docker container list --all
CONTAINER ID IMAGE COMMAND CREATED STATUS PORTS NAMES
```

2.1.10 替容器命名

在之前的範例中，我們都是使用 Docker 所提供的 ID 來對容器進行操作，但這在實務上顯然不太實際，畢竟每一次的 ID 都是不一樣的，很難精準操控容器。

所以我們也可以透過 `--name` 的參數替容器命名，如下所示，我們把容器命名為「nginx」，方便我們之後的操作：

```
$ docker container run --name nginx --publish 80:80 --detach nginx
ce6d6951713d3fec44849bd643c4aea6dabc3548a650fa015e4c451821ed4677
```

列出容器來看看：

```
$ docker container list
CONTAINER ID IMAGE COMMAND CREATED STATUS PORTS                NAMES
ce6d6951...  nginx "/do.." 2 min.. Up.... 0.0.0.0:80->80/tcp nginx
```

接著就可以把前面所學到的指令都套用在這個容器的名字上，而不需要再使用容器的 ID，而是其名字。下方為操作的範例：

```
$ docker container stop nginx
nginx

$ docker container rm --force nginx
nginx

$ docker container start nginx
nginx
```

2.1.11 觀看容器內的 Logs

在學會背景執行容器後，會遇到沒辦法觀看 Logs（事件紀錄）的情況發生，這時候很簡單，接續上一小節，我們對 nginx 容器執行 `docker container logs` 指令：

```
$ docker container logs nginx
/docker-entrypoint.sh: /docker-entrypoint.d/ is not empty, will attempt to
perform configuration
/docker-entrypoint.sh: Looking for shell scripts in /docker-entrypoint.d/
/docker-entrypoint.sh: Launching /docker-entrypoint.d/10-listen-on-ipv6-by-
default.sh
10-listen-on-ipv6-by-default.sh: info: Getting the checksum of /etc/nginx/
conf.d/default.conf
10-listen-on-ipv6-by-default.sh: info: Enabled listen on IPv6 in /etc/
nginx/conf.d/default.conf
/docker-entrypoint.sh: Launching /docker-entrypoint.d/20-envsubst-on-
templates.sh
/docker-entrypoint.sh: Launching /docker-entrypoint.d/30-tune-worker-
processes.sh
/docker-entrypoint.sh: Configuration complete; ready for start up
2022/08/30 16:23:35 [notice] 1#1: using the "epoll" event method
2022/08/30 16:23:35 [notice] 1#1: nginx/1.23.1
2022/08/30 16:23:35 [notice] 1#1: built by gcc 10.2.1 20210110 (Debian
10.2.1-6)
2022/08/30 16:23:35 [notice] 1#1: OS: Linux 5.10.104-linuxkit
2022/08/30 16:23:35 [notice] 1#1: getrlimit(RLIMIT_NOFILE): 1048576:1048576
2022/08/30 16:23:35 [notice] 1#1: start worker processes
2022/08/30 16:23:35 [notice] 1#1: start worker process 32
2022/08/30 16:23:35 [notice] 1#1: start worker process 33
2022/08/30 16:23:35 [notice] 1#1: start worker process 34

$
```

但這只是單純把Logs印出來，在開發時我們需要一直持續追蹤Logs的進展，這時加上 `--follow` 的參數，就能夠達到想要的效果：

```
$ docker container logs --follow nginx
/docker-entrypoint.sh: /docker-entrypoint.d/ is not empty, will attempt to
perform configuration
/docker-entrypoint.sh: Looking for shell scripts in /docker-entrypoint.d/
/docker-entrypoint.sh: Launching /docker-entrypoint.d/10-listen-on-ipv6-by-
default.sh
10-listen-on-ipv6-by-default.sh: info: Getting the checksum of /etc/nginx/
```

```
conf.d/default.conf
10-listen-on-ipv6-by-default.sh: info: Enabled listen on IPv6 in /etc/
nginx/conf.d/default.conf
/docker-entrypoint.sh: Launching /docker-entrypoint.d/20-envsubst-on-
templates.sh
/docker-entrypoint.sh: Launching /docker-entrypoint.d/30-tune-worker-
processes.sh
/docker-entrypoint.sh: Configuration complete; ready for start up
2022/08/30 16:23:35 [notice] 1#1: using the "epoll" event method
2022/08/30 16:23:35 [notice] 1#1: nginx/1.23.1
2022/08/30 16:23:35 [notice] 1#1: built by gcc 10.2.1 20210110 (Debian
10.2.1-6)
2022/08/30 16:23:35 [notice] 1#1: OS: Linux 5.10.104-linuxkit
2022/08/30 16:23:35 [notice] 1#1: getrlimit(RLIMIT_NOFILE): 1048576:1048576
2022/08/30 16:23:35 [notice] 1#1: start worker processes
2022/08/30 16:23:35 [notice] 1#1: start worker process 32
2022/08/30 16:23:35 [notice] 1#1: start worker process 33
2022/08/30 16:23:35 [notice] 1#1: start worker process 34

# 這裡會像是當機一樣，等待新的 Logs 產生
```

同理，要離開時只需要執行 Ctrl + C 鍵的指令，就能夠離開輸出的畫面。

以上為 Docker 容器最基本的幾種操作方式，可以說涵蓋了新手會使用到的基本操作指令，而在實際使用過後，想必對於這一切會感到茫然，接下來我們將會針對剛剛的操作做講解。

2.1.12 啓動容器時發生了什麼？

在本章的最開頭，我們啟動了 nginx 的容器，之後你的電腦在幾秒鐘內就有了 nginx 的服務，接著從終端機透露出的端倪來一步步解析究竟發生了什麼事：

```
$ docker container run --publish 80:80 nginx
Unable to find image 'nginx:latest' locally <- 找不到
latest: Pulling from library/nginx
...
```

Logs 的第一行顯示了 Docker 在本地端找不到 nginx:latest 這個映像檔，所以從 library/nginx 這裡拉取了 nginx:latest 映像檔，也就是從預設的映像檔儲存庫（DockerHub）中拉出這個映像檔到本地端，基本的運作流程如圖 2-2 所示。

如果你本身使用過 Git 工具，應該對這個動作並不感到陌生，只是這裡的儲存庫預設是 DockerHub 的 nginx 倉庫，所以不需要指定從哪裡取得映像檔。

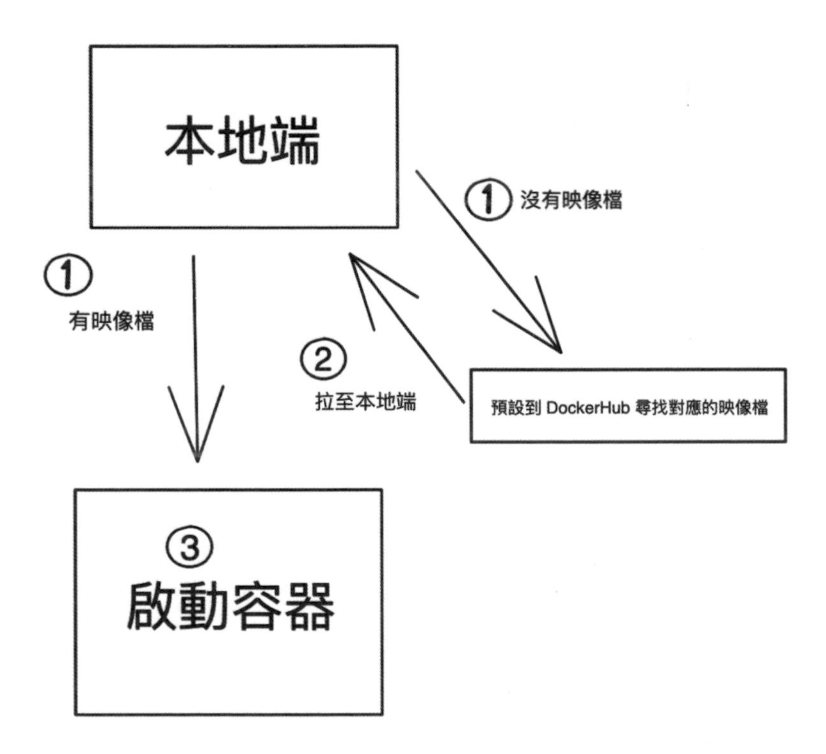

❖ 圖 2-2 容器啟動基礎流程

上述的啟動流程並不包含 `--publish 80:80` 這個部分，所以我們再把流程畫得更細節一些，如圖 2-3 所示。

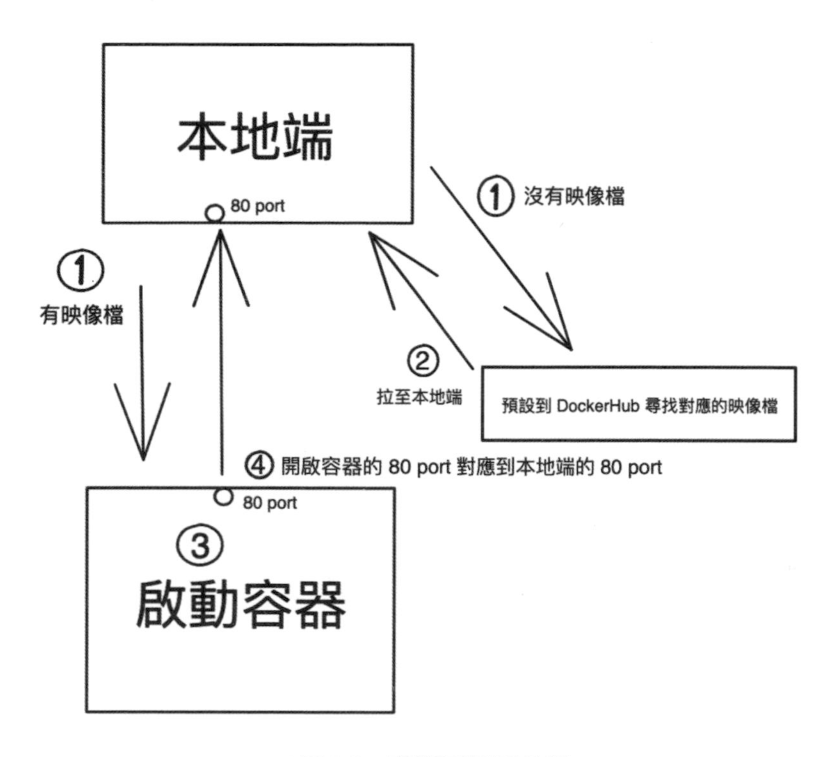

❖圖 2-3 完整容器啟動流程

以下說明圖 2-3 中整個啟動容器的流程：

|STEP| 01 先確認本地端是否有指令中指定的映像檔，若是存在，直接跳至 Step03，根據指令啟動容器；若是不存在，則是移動至 Step02。

|STEP| 02 從預設的映像檔儲存庫下載「指令中指定的映像檔」至本地端。

|STEP| 03 根據指令中的映像檔啟動容器。

|STEP| 04 根據指令中的額外參數加入設定。

在真實的運作流程中，Step03 及 Step04 會是結合在一起的，並不會分開執行，這裡為了讓讀者更好理解整個容器啟動的流程，才會這樣繪製。

2.1.13 列出容器時的資訊

前面實際操作時，時常會用到的 `docker container list` 指令，讓我們來瞭解一下這個指令有什麼值得參考的資訊：

```
$ docker container list
CONTAINER ID IMAGE COMMAND CREATED STATUS PORTS                  NAMES
ce6d6951...   nginx "/do.." 2 min.. Up.... 0.0.0.0:80->80/tcp nginx
```

- **CONTAINER ID**：我們在執行容器時，Docker 會賦予容器一個獨一無二的 ID，以便 Docker 能夠辨識出容器的差別。
- **IMAGE**：啟動時，指令中所指定的映像檔名稱。
- **COMMAND**：容器啟動時的啟動指令，這和「第 4 章 Docker 映像檔」的 CMD 指令息息相關，也可以在啟動容器時，傳入不同的啟動指令來取代原先的指令，後面也會提到。
- **CREATED**：何時啟動的容器。
- **STATUS**：總共有 created、restarting、running、removing、paused、exited、dead 等七種狀態，根據字面上的意思很好理解，總之就是目前容器的狀態。
- **PORTS**：啟動時，指令中指定容器的 port 該對應到本機的哪個 port。
- **NAMES**：這個容器的名字，如果沒有替容器命名，則會是由 Docker 隨機分配取名。

2.1.14 如何重新啓動容器而不要背景執行

剛才練習容器的基本指令時，我們發現重新啟動退出狀態的容器會自動改成背景執行，這是 Docker 預設的行為，只要是 `docker container start` 指令，都會預設改為背景執行模式。

其實，我們可以使用 `--attach` 的方式，在重新啟動時，直接將應用程式的 Logs 顯示出來：

```
$ docker container start --attach nginx
docker-entrypoint.sh: /docker-entrypoint.d/ is not empty, will attempt to
perform configuration
/docker-entrypoint.sh: Looking for shell scripts in /docker-entrypoint.d/
/docker-entrypoint.sh: Launching /docker-entrypoint.d/10-listen-on-ipv6-by-
default.sh
10-listen-on-ipv6-by-default.sh: info: IPv6 listen already enabled
/docker-entrypoint.sh: Launching /docker-entrypoint.d/20-envsubst-on-
templates.sh
/docker-entrypoint.sh: Launching /docker-entrypoint.d/30-tune-worker-
processes.sh
/docker-entrypoint.sh: Configuration complete; ready for start up
2022/10/01 08:58:48 [notice] 1#1: using the "epoll" event method
2022/10/01 08:58:48 [notice] 1#1: nginx/1.23.1
2022/10/01 08:58:48 [notice] 1#1: built by gcc 10.2.1 20210110 (Debian
10.2.1-6)
2022/10/01 08:58:48 [notice] 1#1: OS: Linux 5.10.124-linuxkit
2022/10/01 08:58:48 [notice] 1#1: getrlimit(RLIMIT_NOFILE): 1048576:1048576
2022/10/01 08:58:48 [notice] 1#1: start worker processes
2022/10/01 08:58:48 [notice] 1#1: start worker process 25
2022/10/01 08:58:48 [notice] 1#1: start worker process 26
2022/10/01 08:58:48 [notice] 1#1: start worker process 27
# 等待中
```

2.1.15 容器生命週期演練

1. 請你在背景執行三個不同的服務，分別是 nginx、postgres、httpd（apache），並且分別給容器命名。

2. nginx 要執行在 80:80，postgres 要執行在 5432:5432，httpd 則要執行在 8080:80。

3. 當你在啟動 postgres 容器時，需要給予環境變數 `--env POSTGRES_PASSWORD=mysecretpassword`，才能夠正確啟動。

4. 使用 `docker container logs` 指令，來確認服務都有正常啟動。

5. 停止並刪除上述三個容器。

6. 使用 `docker container list --all` 指令，來確認容器都有徹底刪除。

說明

每一個章節都會提供一些練習來熟悉章節的內容；若是想不出來也不需要灰心，有時候可能是指令不熟悉導致，可以往前翻閱來加強記憶，亦或是直接觀看解答，也可以幫助你解惑，記得 `--help` 以及 docs.docker.com 會是你最好的夥伴。

2.2 一探究竟容器內部

在本小節中，我們將進入容器內部一探究竟。以前連線進入雲端服務或是隔離環境內，我們常常使用SSH的方式來建立安全的通道，但在Docker的世界裡不需要這麼做，就可以輕鬆連線到容器內部。

2.2.1 透過指令進入容器內部

透過下方的指令，終端機將會進入另一個終端機：

```
$ docker container run --interactive --tty nginx bash
root@d33940b87e66:/#
```

終端機理論上會呈現一個可以輸入的模式，所以我們可以輸入一些基本的Linux指令來驗證一下：

```
root@d33940b87e66:/# ls
bin  boot  dev       docker-entrypoint.d  docker-entrypoint.sh  etc
home  lib  lib64  media  mnt  opt  proc  root  run  sbin  srv  sys  tmp
usr  var
```

2.2.2 離開容器內部

目前的我們還待在容器的內部，只要輸入 exit，就能夠輕鬆離開容器內部，並且回到本機的終端機輸入行：

```
root@d33940b87e66:/# exit
exit
$
```

2.2.3 進入運作中的容器

上一個示範是在啟動容器時進入，但現實中大部分的應用程式一直在執行中的狀態，所以隨時都有進入容器的可能。

首先，讓 nginx 容器在背景執行：

```
$ docker container run --detach --publish 80:80 nginx
64d52ea0e08797aade7f86701b60ed903373f53713d6f7eca62...
```

利用 docker container list 指令，確定 nginx 容器在背景執行：

```
$ docker container list
CONTAINER ID IMAGE COMMAND CREATED STATUS PORTS                NAMES
64d52ea0...  nginx "/doc.. 31 se.. Up 2.. 0.0.0.0:80->80/tcp hungry..
```

對於正在運作中的容器下指令，都需要加入 exec 指令才能執行，我們進入後，一樣用了 ls 這個 Linux 指令來查看容器中的檔案，並且輸入 exit 退出容器：

```
$ docker container exec --interactive --tty 64d52 bash
root@64d52ea0e087:/# ls
bin  boot  dev       docker-entrypoint.d  docker-entrypoint.sh  etc
home  lib  lib64  media  mnt  opt  proc  root  run  sbin  srv  sys  tmp
usr  var
root@64d52ea0e087:/# exit
exit
```

2.2.4 新的參數代表什麼？

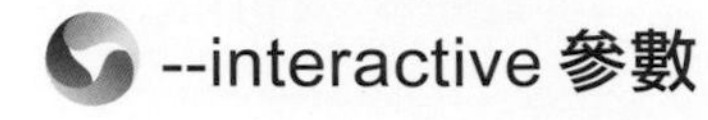

--interactive 參數

首先是 --interactive，我們閱讀 Docker 官方文件後得到下面的答案：

```
Keep STDIN open even if not attached
```

以上直譯就是「保持輸入模式」，但可以理解成和容器之間保持互動的狀況，而要如何驗證呢？我們故意不輸入 --interactive 的參數，看看會發生什麼事情：

```
$ docker container run --tty nginx bash
```

在你還沒輸入任何指令前，看起來應該很正常，那我們試著輸入指令：

```
root@d33940b87e66:/# ls
# 接著它就完全停住了
```

要離開的時候，直接關掉終端機就可以了。上述的例子證明了如果不加入 --interactive 這個參數，即使我們能夠輸入指令，也沒辦法和容器互動。

--tty 參數

接著是 --tty 這個參數，閱讀 Docker 官方文件所得到的答案是：

```
Allocate a pseudo-TTY
```

以上直譯就是「分配一個虛擬的 TTY」，而這個 TTY 代表什麼呢？這就是一個有歷史淵源的故事了，古早的電腦非常昂貴，所以一台電腦要分配給多個用戶進行操作，而多個用戶自然就需要多台打字機對著電腦進行輸入。tty 正是英文 Teletypewriter 的縮寫，其實在現代中終端機和打字機的界線已經模糊不清，可以想像終端機就是 tty，反之亦然。

具有實驗精神的我們故意不使用 --tty 參數，來看看會發生什麼事情：

```
$ docker container run --interactive nginx bash
# 這邊看起來雖然像是不能動，但還是能夠輸入指令
ls
bin
boot
dev
docker-entrypoint.d
docker-entrypoint.sh
```

輸入 exit 也可以正常離開，但很明顯感受到這根本不像是一個正常的終端機，回傳的資訊也都會自動換行，根本沒辦法好好瀏覽，所以有沒有一個正常的終端機視窗是很重要的。

2.2.5 exec 又代表什麼？

為什麼只要是對正在運作中的容器下指令，都需要加入 exec 才能執行呢？ exec 是一個允許在執行中的 Docker 容器內執行任何指令的指令，這裡聽起來很繞口，以白話來說，就是它可以把指令傳遞到執行中的容器內，並要求容器執行指令。

我們用下方的例子來快速地瞭解一下。首先，我們讓 nginx 容器在背景執行：

```
$ docker container run --detach --publish 80:80 nginx
a276f434ce5900b664ccfe99f74d957539681412f07f8802821e8de938a42e0b
```

這時我們若是要列出容器內的所有檔案，該怎麼做呢？根據剛才學到的指令，你可能會用下面的方式，先進入到容器內，並且輸入 ls 指令來列出所有的檔案：

```
$ docker container exec --interactive --tty a276 bash
root@a276f434ce59:/# ls
bin  boot  dev       docker-entrypoint.d  docker-entrypoint.sh ...
root@a276f434ce59:/# exit
exit
```

但根據 exec 指令的定義，**可以把指令傳遞到執行中的容器內，並要求容器執行指令**，所以我們其實可以這樣做：

```
$ docker container exec a276 ls
bin
boot
dev
docker-entrypoint.d
docker-entrypoint.sh
etc
home
lib
lib64
media
mnt
opt
proc
root
run
sbin
srv
sys
tmp
usr
var
```

如同定義一樣，我們要求 nginx 指令執行 `ls` 這段指令，並且回傳結果。

2.2.6 後面的 bash 是什麼？

我們練習進入容器內部時，應該會有一個疑惑：為什麼要在 nginx 映像檔的後方加上一個 `bash` 指令呢？

首先，我們利用 Docker 提供的 `--help` 方法來看看，後面到底能夠接受什麼樣的參數：

```
$ docker container run --help
Usage: docker container run [OPTIONS] IMAGE [COMMAND] [ARG...]
Run a command in a new container
....
```

可以看到IMAGE的後方可以接受COMMAND的參數，而這個COMMAND就是容器啟動時會執行的指令。

那為什麼之前又不需要呢？這是因為映像檔在建置的時候，都會給予一個CMD參數來當作容器啟動時的指令，若沒有輸入額外的COMMAND去取代，就會使用映像檔預設的啟動指令。而nginx映像檔預設的啟動指令就是`nginx -g daemon off`，也就是「啟動nginx」的意思。

在上面的範例中，我們利用了`bash`指令來取代掉`nginx -g daemon off`啟動指令，變成容器在啟動時執行bash這個命令處理器。

2.2.7 只能用 bash 嗎？

明明市面上還有很多的命令處理器，為什麼我一定要用bash呢？那是因為大部分使用的映像檔都有支援bash這個命令處理器，但凡事皆有例外，讓我們試著執行一個超級輕量的Linux作業系統alpine，來看看會發生什麼事吧！

```
$ docker container run --interactive --tty alpine bash
docker: Error response from daemon: failed to create shim task: OCI runtime
create failed: runc create failed: unable to start container process: exec:
"bash": executable file not found in $PATH: unknown.
```

Docker告訴我們：bash這個執行程序並不在$PATH（環境變數）內，同時也告訴我們另一個概念，我們只能啟動映像檔建置時就已經包含的程式，這個極輕量的作業系統中，很顯然地沒有安裝bash，故我們沒有辦法啟動。

那我們該怎麼進入alpine的容器呢？答案是使用sh這個命令處理器，基本上大部分的Linux系統都有預設支援sh，所以sh可以說是最保險的執行程序，讓我們來執行看看：

```
$ docker container run --interactive --tty alpine sh
/ #
```

每個作業系統還是有些微的差距，但如果都習慣以sh來啟動，基本上不會遇到什麼問題喔！

2.2.8 為什麼容器退出了？

在我們從 nginx 容器內部離開後，眼尖的你可能會發現容器進入了退出狀態。可以透過列出所有容器的指令，來確認 nginx 進入了退出狀態：

```
$ docker container list --all
CONTAINER ID   IMAGE   COMMAND    CREATED   STATUS PORTS                NAMES
d33940b87e66   nginx "/doc..    7 sec..   Exited                       eleme...
```

還記得我們在第一次啟動 nginx 容器時，使用 Ctrl + C 鍵的方式來使容器進入退出狀態，但為什麼這裡只是退出了 bash 執行程序，就使容器進入退出狀態了呢？

這裡先說結論：**只有終止了啟動指令所執行的程序，才會使容器進入退出狀態**，這句話可能有點難以理解，我們用下面的例子來驗證這段結論。我們一樣讓 nginx 容器在背景執行，接著我們進入內部，並且直接退出：

```
$ docker container run --detach --publish 80:80 nginx
0375cb9903ab964cdae10b31d32be3009f2f228ea3fab4fc992f09011bd159c0

$ docker container exec --interactive --tty 037 bash
root@0375cb9903ab:/# exit
exit
```

查看一下容器列表，會發現其還在運作，所以並非退出 bash 執行程序，就停止了容器，這就回歸到前面所說的結論：**只有終止了啟動指令所執行的程序，才會使容器進入退出狀態**。

```
$ docker container list
CONTAINER ID IMAGE COMMAND  CREATED STATUS PORTS                    NAMES
0375cb990... nginx "/doc..  31 se.. Up 1.. 0.0.0.0:80->80/tcp tender..
```

但是我們退出的程序並不是這個容器的啟動指令，這個容器的啟動指令是 nginx 一開始預設的 `nginx -g daemon off`，所以我們退出的 bash 程序並不會造成容器進入退出狀態。

我們可以再試試看另外一個例子，這裡我們啟動一個 Ubuntu 的容器：

```
$ docker container run --interactive --tty --name ubuntu ubuntu
root@c4131a4bd1fa:/#
```

你可能會想問：為什麼不用加 bash 在最後面取代啟動指令呢？那是因為 ubuntu 這個映像檔本身的啟動指令就是 bash，所以我們不需要用 bash 來取代預設的啟動指令，ubuntu 就會自動啟動 bash 這個程序，由此舉一反三可得知，我們輸入 `exit` 後，ubuntu 容器就會進入退出狀態，因為我們終止了它的啟動指令：

```
root@c4131a4bd1fa:/# exit
exit

$ docker container list --all
CONTAINER ID IMAGE COMMAND CREATED STATUS PORTS              NAMES
c4131a4bd1.. ubu.. "bash"  2 min.. Exited                    ubuntu
```

2.2.9 可以進入容器內安裝套件嗎？

我們可以進入容器內安裝套件嗎？答案是「可以的」，所有的容器在被**刪除**之前，都會保留原先的檔案系統，**退出容器並不會讓資料流失**。

這裡我們重新啟動剛剛退出的 ubuntu 容器，並且更新一下作業系統的套件：

```
$ docker container start --interactive ubuntu
root@c4131a4bd1fa:/# apt-get update
Get:1 http://security.ubuntu.com/ubuntu jammy-securi...
Get:2 http://archive.ubuntu.com/ubuntu jammy InRe....
Get:3 http://security.ubuntu.com/ubuntu jammy-secu....
....
Reading package lists... Done
```

接著我們下載 curl[†2] 工具，來測試一下容器是否真的會保存我們所做的變動：

```
root@c4131a4bd1fa:/# apt install -y curl
Reading package lists... Done
.....（略）
Running hooks in /etc/ca-certificates/update.d...
done.
root@c4131a4bd1fa:/# exit
exit
```

我們在安裝完 curl 工具後離開了容器，想當然爾，容器也進入了退出狀態。

接著我們再次啟動 ubuntu 容器，若是 curl 這個工具能夠使用，就代表容器是能夠暫時保存檔案的。我們成功利用 curl 去敲了一下 google.com 網站，並拿回了 HTML 的檔案，但這還不足以完全證明容器的暫存空間：

```
$ docker container start --interactive ubuntu
root@c4131a4bd1fa:/# curl google.com <- 使用 curl
<HTML><HEAD><meta http-equiv="content-type" content="text/html;charset=
utf-8">
<TITLE>301 Moved</TITLE></HEAD><BODY>
<H1>301 Moved</H1>
The document has moved
<A HREF="http://www.google.com/">here</A>.
</BODY></HTML>
root@c4131a4bd1fa:/# exit
exit
```

我們試試看刪除這個容器，是不是真的會造成檔案的流失，而重新啟動的 ubuntu 容器，確實是沒有 curl 這個工具：

```
$ docker container rm --force ubuntu
ubuntu
```

---

† 2 基於網路協定，對指定 URL 進行網路傳輸的工具。

```
$ docker container run --interactive --tty --name ubuntu ubuntu

root@74370599d4d0:/# curl google.com
bash: curl: command not found
root@74370599d4d0:/#
```

實際原因是因為容器在啟動時會提供一個可寫層，記錄下我們對於這個容器檔案系統的操作，但只要刪除容器，可寫層就會隨著容器而一併消失。

關於如何保存資料，會在「第 5 章 Docker Volume」做更深入的探討，目前只要記得**原先不屬於容器內的資料，都會在刪除容器時一併消失**，就可以了。

2.2.10 不同作業系統的容器演練

1. 利用終端機指令搭配 `--interactive --tty` 的方式，分別進入 centos:centos7 及 ubuntu:20.04 兩個映像檔建立的容器中。
2. 在 ubuntu 的容器中，使用 `apt-get update && apt-get install curl` 指令安裝套件。
3. 在 centos 的容器中，使用 `yum update curl` 指令安裝套件。
4. 分別在兩個容器中使用 `curl --version` 檢查版本，也是確認安裝成功的方式。
5. 上網查查看容器的 `--rm` 指令代表什麼，並且使用在這次的演練中。

本章的演練重點是使用 `--interactive & --tty` 的方式進入不同的 Linux 作業系統容器，並且確認 curl 這個套件的版本，可以練習到進入容器以及根據不同作業系統安裝套件，並且確認是否有安裝成功。

2.3 容器與虛擬機

在網路上搜尋「什麼是容器」，常常會看到網友們拿容器和虛擬機做比較，這兩項技術在達成的目的上是有相似之處，但在眾多相似之處，又有著些許的不同。

2.3.1 什麼是虛擬機？

理論上的說法是，在電腦上透過一個叫做「Hypervisor」的軟體，將作業系統和應用程式、硬體分開來，這樣就可以將自己劃分為數個獨立的「虛擬機器」。

白話一點的說法是，可以想像成一個管家（Hypervisor）幫你把一個房子分隔成好幾間套房，每一個套房都有自己的衛浴設備和供電設施，誰也不求誰，但還是占掉了整個房子的容積，水龍頭的流水量可能也會因為多條水管牽線而變得不那麼順暢。

虛擬機所占據的硬體比較多，啟動速度也比較慢，是因為每個虛擬機都可以獨立執行自己的作業系統和應用程式，同時還可以分配到從 Hypervisor 所管理的原始資源，這些資源包括記憶體、RAM、儲存設備等，如圖 2-4 所示。

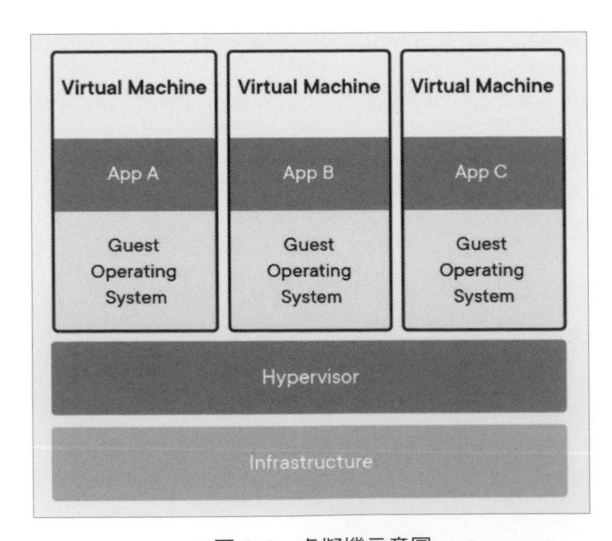

❖圖 2-4　虛擬機示意圖

2.3.2 什麼是容器？

在經過前面章節使用 Docker 容器後，相信使用上有一些概念了，而容器則如圖 2-5 所示。

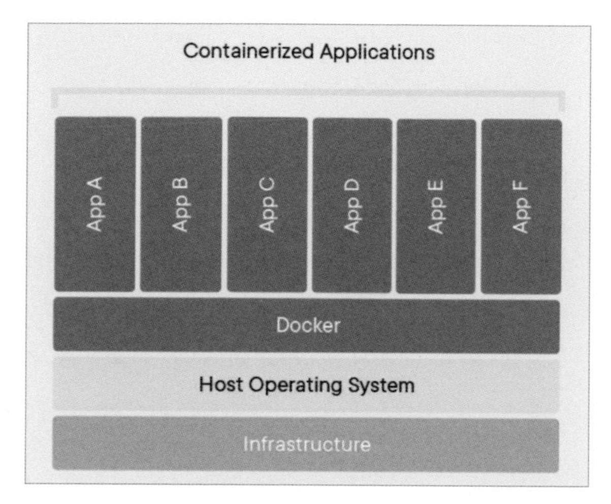

❖圖 2-5　容器示意圖

「容器」其實是一個抽象的應用層，把程式碼和相依套件打包在一起，多個容器可以在同一台機器上運作，並且和其他容器共享作業系統的核心（這和虛擬機完全不相同），而虛擬機是每一個都有自己的作業系統的。容器在 Linux 作業系統上作為獨立的執行程序，相較於虛擬機器，能夠占用更少的空間，又能夠處理更多的應用程式。

Docker 容器只是在 Linux 作業系統上的執行程序

Docker 容器只是在 Linux 作業系統上的執行程序，並不是什麼迷你的虛擬機，它能夠獲取的資源有限，在程序結束時，容器就會進入退出的狀態。

下方示範為 Ubuntu 20.04 的版本，為了驗證容器，在 Linux 系統上只是執行程序。我們先啟動一個容器：

```
$ docker container run --detach --name pg --publish 5432:5432 -e POSTGRES_
PASSWORD=password postgres # 不換行
654a8b38709bcb4abbbeea0947dcc50257b350324
```

接著我們使用docker container top指令來查看該容器的執行程序，docker container top指令的用意在於列出指定容器中的所有執行程序，可以看到裡面有列出PID，也就是執行程序本身的ID：

```
$ docker container top pg
UID   PID   PPID  C STIME TTY  TIME     CMD
lxd 50522 50501  0 16:12  ?   00:00:00 postgres
lxd 50604 50522  0 16:12  ?   00:00:00 postgres:checkpointer
```

至於要如何驗證容器本身只是一個Linux作業系統上的執行程序呢？我們可以在Linux作業系統的終端機內輸入ps aux（列出系統所有的執行程序資料），可以看到pg容器內的PID與Linux作業系統內的PID相符，且COMMAND也都是postgres。這樣我們就可以驗證，其實Docker容器本身也是跑在Linux的作業系統上，並非虛擬機的概念，如果是使用虛擬機，在當前的作業系統上是看不到執行程序的：

```
$ ps aux
USER PID   %CPU %MEM VSZ  RSS  TTY STAT START TIME COMMAND
lxd  50522 0.0  2.6  21.. 26.. ?   Ss   16:12 0:00 postgres
lxd  50604 0.0  0.3  21.. 39.. ?   Ss   16:12 0:00 postgres:checkpointer
```

為什麼只提Linux作業系統？

從前面就一直不斷地強調Linux系統，其實是因為Windows及macOS上的Docker是執行在迷你虛擬機上，所以當你在Windows或是macOS作業系統中，輸入列出執行程序的指令，是沒辦法看到容器的執行程序。

這就更進一步證明了Docker容器就是作業系統上的執行程序，所以你沒辦法透過本機的作業系統（macOS、Windows）看到虛擬機內的執行程序。

那要如何在macOS上看到容器的執行緒呢？我們需要連接上迷你的虛擬機，只要按照下方的指令，就可以看到虛擬機內的執行程序：

```
$ docker run -it --rm --privileged --pid=host justincormack/nsenter1
Unable to find image 'justincormack/nsenter1:latest' locally
latest: Pulling from justincormack/nsenter1
```

```
5bc638ae6f98: Pull complete
Digest: sha256:e876f694a4cb6ff9e6861197ea3680fe2e3c5ab773a1e37ca1f13171f7f
5798e
Status: Downloaded newer image for justincormack/nsenter1:latest

/# ps aux
PID   USER     TIME  COMMAND
    1 root     0:02  /sbin/init
    2 root     0:00  [kthreadd]
    3 root     0:00  [rcu_gp]
....
32851 999      0:00 postgres
32938 999      0:00 postgres: checkpointer
32939 999      0:00 postgres: background writer
32940 999      0:00 postgres: walwriter
32941 999      0:00 postgres: autovacuum launcher
32942 999      0:00 postgres: stats collector
32943 999      0:00 postgres: logical replication launcher
.....

/#
```

至於如何在 Windows 上查看虛擬機內的執行程序，我沒有涉略關於 Windows Container 的知識，個人在 Windows 上也是使用 WSL 執行 Ubuntu 作業系統。

透過圖 2-6，我們可以看到安裝虛擬機，導致 macOS 及 Windows 沒辦法直接透過本機來看到容器的執行程序的原因。

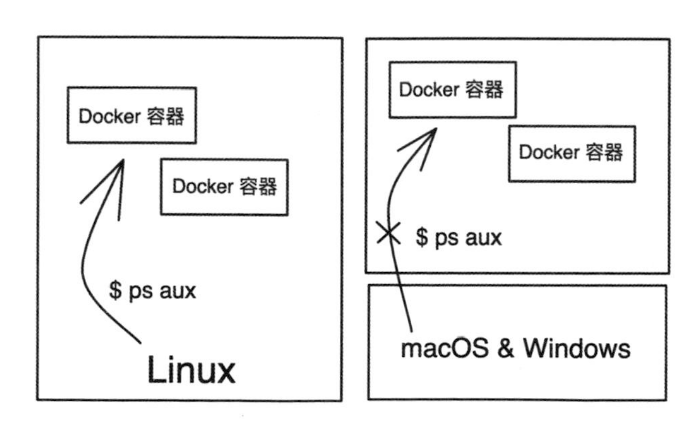

❖圖 2-6　虛擬機導致 macOS 及 Windows 無法在本機檢查作業程序

macOS 及 Windows 為什麼要安裝虛擬機？

如前面所述，Docker 容器是運作在 Linux 上的執行程序，道理就像打開一個 App 一樣，這些容器的執行檔案必須建立在其作業系統核心之上。舉例來說，一個為了 linux / x86_64 核心打造的 Ruby 映像檔，是沒辦法在 Windows 上以 ruby.exe 的方式執行，這也是為什麼 Docker 桌面應用程式會需要在 macOS 以及 Windows 上面，安裝一個迷你的虛擬機來改變執行容器的作業系統核心。

從 2013 年到 2016 年，Docker 為多種架構（amd64、arm/v6、arm/v7、i386 等）建置映像檔，當時還沒辦法為 Windows 的核心系統建構，所以那時候的 Docker 只適用於 Linux。到了 2016 年，Windows Containers 才問世，但我私心認為如果是使用 Windows 的用戶，用 WSL 安裝 Ubuntu 作業系統，並且安裝 Docker，使用上的體驗會更好。

時至今日，Docker 已經不再受限於 Linux，但當你想到映像檔時，要認知到它本身會針對你電腦的作業系統核心及架構進行建置。Docker 透過 manifest 在後台天衣無縫地完成這些作業，它可以偵測你所運作的作業系統，並下載最適合的映像檔。如果你使用 `docker container run --platform` 指令，就能夠強制使用和你電腦作業系統不一樣的運作核心。

順道一提，本書仍會以 Linux x64 的映像檔為主，因為本書是給新手學習基本 Docker 技能，所以更著重在基礎的概念和使用上，和 Windows Container 大概有 95% 的概念都是雷同的，除了一些作業系統上的基本指令之外。

2.4 容器的 IP 位置及 Port

2.4.1 檢查容器的 Port

我們透過 `docker container port` 指令來確認容器本身的 port 及本機所對應的 port。而 Dokcer 的回應中，左邊是容器本身開啟的 port，右邊則是本機所對應的 port：

```
$ docker container run --detach --publish 80:80 --name nginx nginx # 不換行
4de98848ecca383e48ca8a02ec767... # 先啟動一個 nginx 的服務

$ docker container port nginx
80/tcp -> 0.0.0.0:80
```

關於容器應該要打開什麼 port，「第 4 章 Docker 映像檔」會做解說，每個不同的服務預設打開的 port 都是不一樣的，這裡我們先專注於右邊本機所對應的 port。

0.0.0.0 以及 127.0.0.1 在 Docker 有什麼不同？

在 `docker container port` 的回應中有看到「0.0.0.0:80」，這是因為容器本身沒有設定 IP 位置，Docker 預設為「0.0.0.0」，這和一般我們在本地端開發常常使用的「127.0.0.1」（localhost）不太一樣，那又代表什麼呢？

在 Docker 的世界中，「127.0.0.1」意味著**這個容器本身**，而不是**這台機器**。如果從一個容器向外連接到「127.0.0.1」，對於容器本身來說，就像連接到自己一樣，這樣的問題常發生在「第 6 章 Docker Compose」中，當容器需要互相溝通的時候，卻不小心綁定在「127.0.0.1」，則沒辦法向外部溝通。而「0.0.0.0」本身意味著所有的網路接口，它將接受來自其他容器的連接，以及外部的連接都能成功到達容器內部。

不論是現在的章節或是以後使用 Docker，除非有特殊情境，不然我們都是預設綁定到「0.0.0.0」的 IP 地址，這樣可以減少很多不必要的麻煩。

2.4.2 容器的 IP 位置

到目前為止，我們都還沒有談論過關於容器的 IP 位置，你或許會認為容器一直以來都和主機以相同的 IP 位置執行，但事實則相反，我們可以透過 `docker container inspect` 指令來看到容器的 IP 位置：

```
$ docker container inspect --format '{{ .NetworkSettings.IPAddress }}'
nginx # 不換行
172.17.0.2
```

接著可以透過 `ifconfig en0` 指令來查看本機的IP位置：

```
$ ifconfig en0
en0: flags=8863<UP,BROADCAST,SMART,RUNNING,SIMP...
options=400<CHANNEL_IO>
ether 8c:85:90:11:17:bd
inet6 fe80::1c63:5f4c:ca77:69cc%en0 prefixlen 64 secue..
inet 192.168.1.101 netmask 0xffffff00 broadcast 192.168.1.255
....
```

上面輸出的「inet 192.168.1.101」就是我們本機的IP位置，但這似乎和啟動的nginx容器IP位置不同，可見Docker的容器和我們本機並不在同一個網路內，這是什麼情況呢？就讓我們進入「第3章 Docker虛擬網路」來好好說明吧！

Docker 虛擬網路

3.1 Docker 的虛擬網路概念

在第 2 章中，我們瞭解了容器的生命週期、如何進入容器內部以及最後提到關於容器的 IP 位置，算是對容器有一些基本的瞭解，但是這樣子似乎和串連成為一個服務還有很大的距離，想像中最基本的 Web 應用程式應該會有一個 Web Server（Nginx、Apache、Traefik...）、App Server（Ruby on Rails、Laravel、Django⋯），再搭配資料庫（PostgreSQL、MySQL、SQLite⋯）。

能夠將這些服務串連在一起，也是 Docker 如此強大的原因，可以透過 Docker 虛擬網路來使容器們相互溝通，或者將它們連接到非 Docker 的服務上，而 Docker 的容器或是服務本身，不需要知道自己是不是被部署在 Docker 上，也不需要確認對方是不是也在 Docker 上。無論你的主機是執行在 Linux、Windows 或是兩者混合，都可以用一個超脫作業系統框架的方式來管理它們。

接下來的內容將說明一些基本的 Docker 網路概念，為「第 6 章 Docker Compose」以及「第 8 章 部署 Web 應用程式」做準備。

3.1.1 電腦的防火牆

在「2.4 容器的 IP 位置及 Port」的結尾中，我們發現 Docker 容器的 IP 位置和本機電腦的 IP 位置並不相同，至於是為什麼呢？這就需要更仔細地瞭解外部網路請求是如何進入到容器內部，那肯定不能錯過電腦的防火牆。

對於「防火牆」這個名字，相信大家一定不陌生，尤其從小玩桌機長大的小孩，一定常常看到防火牆設定的通知跳出來，那這到底是什麼呢？和 Docker 的虛擬網路又有什麼關係呢？

「防火牆」一開始的意思，是古人使用木頭建造房屋時，為了避免火災發生及蔓延，將堅固石塊堆砌在房屋周圍作為屏障，這種防護結構建築就被稱為「防火牆」。現代網路也參照這個寓意，指隔離本機網路與外界網路的一道防禦系統，藉由控制過濾限制訊息來保護內部網路資料的安全，如圖 3-1 所示。

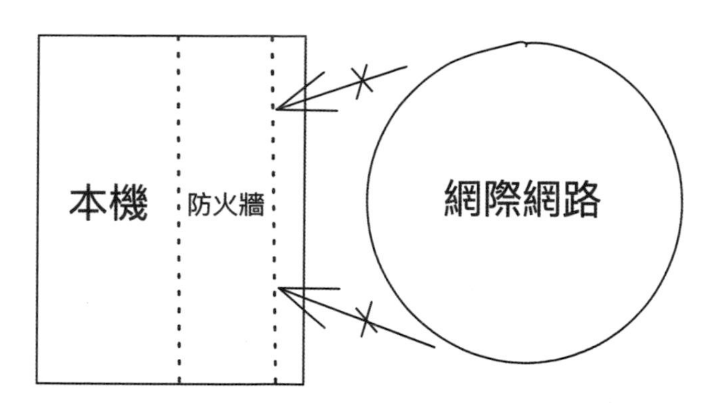

❖圖 3-1　超簡易的防火牆示意圖

防火牆本身預設阻止所有從網際網路中進來的流量；提到防火牆，就是希望透過這個方式來更理解 Docker 如何向網際網路打開大門，並讓外部的請求進入到容器內部。

3.1.2　打開防火牆

正常情況下，Docker 預設會用一個叫做「bridge」的虛擬網路，我們可以透過 `docker network list` 指令來查看：

```
$ docker network list
NETWORK ID          NAME    DRIVER  SCOPE
8089a4c2e32......   bridge  bridge  local
....
```

這個虛擬網路幫助我們橋接了本機的網路介面，讓我們可以透過簡單的 `--publish` 參數，快速啟動容器，並對應到防火牆該開啟哪個 port。若是沒有指定虛擬網路的情況下，Docker 會預設使用這個 bridge 的虛擬網路，以一開始的 nginx 容器為例，圖 3-2 和一開始介紹容器生命週期時所繪製的圖很相似，只是多加上了防火牆及虛擬網路。

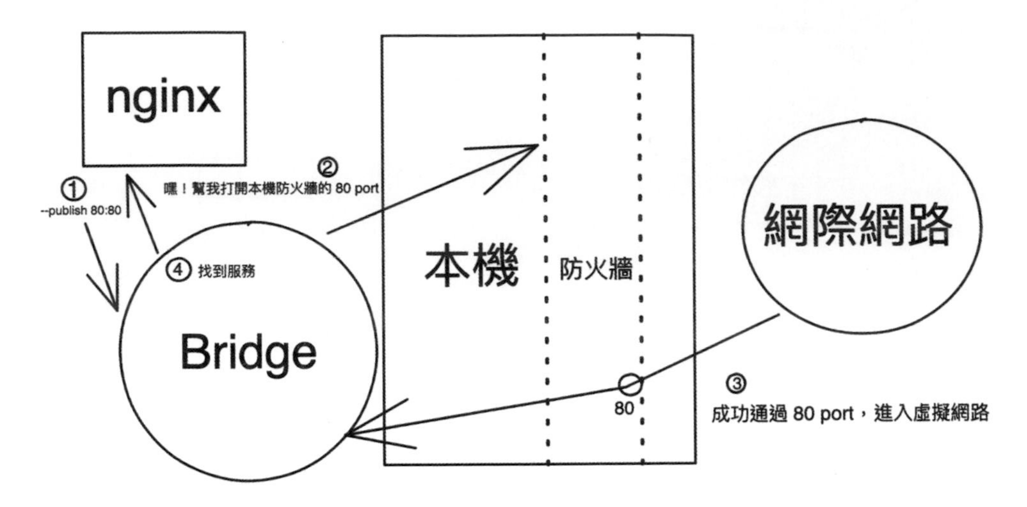

❖圖 3-2　容器預設接上 bridge 虛擬網路

這也牽扯到「2.4 容器的 IP 位置及 Port」最後提到關於容器及本機不同 IP 位置的問題，為什麼 nginx 的容器預設不會被分配到和本機相同的 IP 位置呢？因為沒有指定網路的話，容器會以 Docker 的 bridge 虛擬網路為優先，並連接上去，所以不同的網路環境當然會顯示不相同的 IP 位置。

我們也可以透過 `inspect` 指令，來查看 bridge 這個虛擬網路本身的 IP 位置：

```
$ docker network inspect bridge
[
  ...
    "IPAM": {
      "Driver": "default",
      "Options": null,
      "Config": [
        {
          "Subnet": "172.17.0.0/16",
          "Gateway": "172.17.0.1"
        }
      ]
    },
  ...
]
```

可以觀察到 Config 裡面的 Gateway 寫著「172.17.0.1」，而我們啟動的 nginx 服務則是在「172.17.0.2」，讓我們再開一個 nginx 服務試試看吧！

```
$ docker container run --detach --publish 8080:80 --name nginx2 nginx # 不換行
b76c49631846d8b2249f7c4c...

$ docker container inspect --format '{{ .NetworkSettings.IPAddress }}' nginx2 # 不換行
172.17.0.3
```

如前所述，在沒有指定虛擬網路的情況下，Docker 預設使用 bridge 這個虛擬網路，而 Docker 則替我們在 bridge 網路內分配了 IP 位置。但是，即使容器被分配到了不同的 IP 位置，這又和網際網路的請求能夠進入容器內部有什麼關係呢？因為使用了 NAT 的技術。

3.1.3 NAT（網路位址轉換）

Docker 透過了 NAT（網路位址轉換）這項技術，讓外部的請求進入 Docker，並順著虛擬網路找到容器，而 NAT 技術被廣泛地使用在許多公司的內部網路或是私人企業的內網中，主要原因是 IPv4 位置稀少，很多企業或網路公司在只擁有少數 IP 位置情況下，公司內部卻有太多電腦要連接網路，故採取共用 IP 的解決方法，就是讓一個 IP 位置給多臺電腦使用。

使用者上網後，拿到一個 IP 位置，而 IP 分享器或無線基地台則將一組專門給內部使用的私有 IP 分配給所有的內部電腦，內部每台電腦擁有一個「192.168.0.x」的 IP 位置，但無線基地台對外卻只有一個由網路公司賦予的 IP 位置。通常，NAT 將每一部電腦所用的 IP 對應到共用 IP，且 NAT 負責將進出封包的 Header 進行轉換，使得內部電腦可以輕鬆地與外部網路連線溝通。

用上述的例子，我們可以想像 Docker 本身就是負責分配 IP 的機器，而在 Docker 上運作的容器都是公司內部的電腦，被分配了一個 IP 位置，但主要外面的入口還是要通過 Docker 來處理底層的網路技術。

3.2 操作Docker虛擬網路

list指令

上一小節說明了很多關於Docker虛擬網路的技術，但實際操作起來到底是如何呢？讓我們從`docker network list`指令開始，大家應該會發現Docker的指令其實是透過一開始提到的Management Command當作主詞，後面搭配的動詞都是相同的。

```
$ docker network list
NETWORK ID      NAME    DRIVER     SCOPE
8089a4c2e32a    bridge  bridge     local
0df5a43ad470    host    host       local
1ba8d9b1e033    none    null       local
```

如果沒有特別建立虛擬網路的話，剛開始使用Docker的新手應該只有上方這三個虛擬網路，「bridge」是我們前面介紹過Docker預設使用的虛擬網路，藉由NAT的技術潛伏在主機的防火牆後方。

第二個會看到的是「host」虛擬網路，這是一個特殊的服務，它跳過了Docker的虛擬網路，直接把容器連接到主機的網路介面上，這麼做有好處、也有壞處，壞處是它讓容器的安全性降低了，直接連接到本機的網路介面是有風險的，好處則是它可以提高網路的效能，畢竟少了多層級的訪問當然會更快。

最後一個看到的則是「none」虛擬網路，其實連接到這個虛擬網路，相當於沒有連接到任何網路的意思，有時我們想要斷開某些曝光在網路上的服務，則可以選擇先暫時將容器連接到none的虛擬網路。

inspect 指令

接著是上一小節也有使用過的 `docker network inspect` 指令，要記得 `inspect` 指令是非常萬用的 Command，不論今天搭配的是什麼 Docker 的物件，都可以養成習慣用 `inspect` 指令來看詳細資訊。

回應的內容就像上一小節所提到的，可以在裡面看到 Gateway 及 subnet 的 IP 位置，預設都會是「172.17」開頭，其實這個 IP 位置本身也是可以自訂的，有興趣可以自己上網去研究，這裡就不多做介紹。

同時，`inspect` 指令也會列出這個虛擬網路上所連接的容器：

```
$ docker network inspect bridge
[
  ..
  "Containers": {
    "68095f33b6ccb53eb2f1aba489fe642b97dd8...": {
      "Name": "nginx2",
      "EndpointID":"27e0b715a4e35965dfe65....",
      "MacAddress": "02:42:ac:11:00:03",
      "IPv4Address": "172.17.0.3/16",
      "IPv6Address": ""
    },
    "c2713832bc9abc526e993b2537bee5322fc....": {
      "Name": "nginx",
      "EndpointID": "e1e747ed84ab55c5cb8e....",
      "MacAddress": "02:42:ac:11:00:02",
      "IPv4Address": "172.17.0.2/16",
      "IPv6Address": ""
     }
   },
  ...
]
```

這裡可以看到上一小節所示範的兩個 nginx 正連接在 bridge 這個虛擬網路上。

3.2.1 建立自己的虛擬網路

說了那麼多，不如直接來建立虛擬網路吧！

```
$ docker network create app # 這邊的名字可以取你喜歡的
e4ad3a30af60ff7ce3cf60758fb948b39c03db04
# 這裡和容器同理，是這個虛擬網路的專屬 ID
```

接著，我們來列出所有的虛擬網路，確認真的已建立成功：

```
$ docker network list
NETWORK ID      NAME    DRIVER    SCOPE
e4ad3a30af60    app     bridge    local
8089a4c2e32a    bridge  bridge    local
0df5a43ad470    host    host      local
1ba8d9b1e033    none    null      local
```

3.2.2 添加原先的容器到新的虛擬網路

在建立了專屬的虛擬網路後，我們可以把容器連接到這個新的虛擬網路中，而該怎麼做呢？答案是使用 `--network` 參數。

```
$ docker container rm --force $(docker container list --all --quiet)
# 我們先清除舊有的容器

$ docker container run --detach --publish 80:80 --network app --name nginx
nginx # 不換行
eb893a93e76abf6078eeab
```

接著，確認一下有沒有正確地連接上 app 這個虛擬網路，再次利用 `inspect` 的方法來檢查：

```
$ docker network inspect app
[
  ..
```

```
  "Containers": {
    "eb893a93e76abf6078eeab8202eeaa028e...": {
      "Name": "nginx",
      "EndpointID":"85139bd78edc99c8c04bf72cfd....",
      "MacAddress": "02:42:ac:12:00:02",
      "IPv4Address": "172.18.0.2/16",
      "IPv6Address": ""
    }
  ...
]
```

如預期的連接上 app 虛擬網路，但在實務上我們很有可能需要替正在運作的容器添加新的虛擬網路，這時候中斷容器的服務再重新用 `--network` 的方式似乎不太合理，畢竟中斷正在運作的服務並不是一件樂見的事情。

3.2.3 添加運作中的容器到新的虛擬網路

這裡來模擬一下真實情況，我們先開啟一個 postgres 的容器，並且讓它連接到預設的 bridge 虛擬網路：

```
$ docker container run --detach --name pg --env POSTGRES_PASSWORD=
mysecretpassword postgres # 不換行
b70adc2d760d90b1a05a4f78a42621da73b96dc7b
```

接著我們要怎麼對一個正在運作中的容器添加新的虛擬網路呢？我們可以透過 `docker network connect` 指令：

```
$ docker network connect app pg
# 沒有反應是正常的，這個指令不會有 response
```

那我們要如何驗證這個容器同時連接到兩個虛擬網路呢？這時候，`inspect` 指令又再度登場：

```
$ docker container inspect pg
[
```

```
  ...
  "Networks": {
    "app": {
      "IPAMConfig": {},
      "Links": null,
      "Aliases": [
        "b70adc2d760d"
      ],
      "NetworkID": "e4ad3a30af60ff7ce3cf60758f....",
      "EndpointID": "47ece379323488f79c863ad78....",
      "Gateway": "172.18.0.1",
      "IPAddress": "172.18.0.3",
      "IPPrefixLen": 16,
      "IPv6Gateway": "",
      "GlobalIPv6Address": "",
      "GlobalIPv6PrefixLen": 0,
      "MacAddress": "02:42:ac:12:00:03",
      "DriverOpts": {}
    },
    "bridge": {
      "IPAMConfig": null,
      "Links": null,
      "Aliases": null,
      "NetworkID": "8089a4c2e32ae238ee3198112e98....",
      "EndpointID": "50a742d0efe7336746ed9a53951606...",
      "Gateway": "172.17.0.1",
      "IPAddress": "172.17.0.2",
      "IPPrefixLen": 16,
      "IPv6Gateway": "",
      "GlobalIPv6Address": "",
      "GlobalIPv6PrefixLen": 0,
      "MacAddress": "02:42:ac:11:00:02",
      "DriverOpts": null
    }
  }
...
]
```

於是，現在 app 及 bridge 虛擬網路都享有 postgres 的服務了。

3.2.4 中斷虛擬網路的連接

要斷開某個虛擬網路的連接時，則使用 docker network disconnect 指令：

```
$ docker network disconnect app pg
# 沒有反應是正常的，這個指令不會有 response
```

接著，再次使用 inspect 指令來確認是否有中斷連接，現在只剩下原先的 bridge 虛擬網路連接而已：

```
$ docker container inspect pg
[
  ...
  "Networks": {
    "bridge": {
      "IPAMConfig": null,
      "Links": null,
      "Aliases": null,
      "NetworkID": "8089a4c2e32ae238ee3198112e98f4....",
      "EndpointID": "50a742d0efe7336746ed9a5395160....",
      "Gateway": "172.17.0.1",
      "IPAddress": "172.17.0.2",
      "IPPrefixLen": 16,
      "IPv6Gateway": "",
      "GlobalIPv6Address": "",
      "GlobalIPv6PrefixLen": 0,
      "MacAddress": "02:42:ac:11:00:02",
      "DriverOpts": null
    }
  }
...
]
```

經過了幾次的操作後，應該會對於 Docker 這種模組化且可拆卸的使用方式感到驚艷，一開始在學習的時候，也很難體會 Docker 到底好用在哪，為什麼是人人都推必學的好技術，但隨著使用時間漸漸的增長，一定會感受到 Docker 實用的部分。

3.2.5 driver 是什麼？

在列出虛擬網路時，會注意到有一個「driver」的欄位：

```
$ docker network list
NETWORK ID      NAME    DRIVER    SCOPE
e4ad3a30af60    app     bridge    local
8089a4c2e32a    bridge  bridge    local
0df5a43ad470    host    host      local
1ba8d9b1e033    none    null      local
```

為什麼我們自己建立的虛擬網路也是使用 bridge 這個 driver 呢？因為 bridge 這個 driver 是 Docker 預設的虛擬網路 driver，如果不指定 driver 的話，就會使用 bridge 作為 driver。

使用 bridge 當作 driver 的虛擬網路，通常適用在單主機的容器們需要互相溝通的情況。為什麼會特別強調是單主機呢？因為後面的「第 6 章 Docker Swarm」會介紹另外一種 driver 叫做「overlay」，這種虛擬網路是可以跨機器跨平台溝通的。

而 driver 也可以使用第三方的服務，本書的教學範圍會先以 bridge 及 overlay 為主，就能夠做到單機部署應用程式或是跨主機部署。

3·3 Docker 的 DNS

3.3.1 DNS 是什麼？

我們先科普一下「DNS」本身是什麼意思，其全名為「網域名稱系統」（Domain Name System，DNS），白話來說，就是網際網路世界的電話簿，那為什麼我們會需要電話簿呢？

這裡先假設大家都知道「網際網路的互動是透過 IP 位置來找到對方，並進行訊息的傳送」(想像是打電話給你的親朋好友，必須要知道手機號碼才有辦法聯繫)。

舉個簡單的例子，在網址中輸入「https://142.251.42.238」，會前往 google.com，但平常真的會輸入一大段 IP 位置嗎？也太難記了吧！而 DNS 就是輸入「google.com」時，會幫你找到「https://142.251.42.238」的應用程式，可以想像 IP 位置就是真實的地址，而 DNS 則是一個別名的概念，就像大家常常會提到北車(台北車站)，但你真的知道台北車站的地址嗎？或是你真的需要知道地址，才可以到達台北車站嗎？

3.3.2 Docker 中的 DNS

在 Docker 的世界，我們可以忘掉 IP 位置這件事情，就如同前面章節有提過的，容器的 IP 位置會由 Docker 分配，每次容器啟動的時機不同，快一秒或慢一秒就會導致每個容器的 IP 位置不相同，所以若是要透過 IP 位置來讓容器們彼此溝通，顯然是不切實際的事情。

這時剛剛提到的 DNS 就是 Docker 提出的解決方案，要如何可以一直連線到某一個服務，而不論其啟動順序呢？答案就在一開始我們就學會的 `--name` 指令，當我們替容器命名後，在 Docker 的虛擬網路中，我們為它的命名就會是這個服務的 DNS，我們可以透過容器的名字，輕易訪問到容器本身。

3.3.3 如果使用 IP 位置來溝通

這裡用 IP 位置連接到另一個容器來當作錯誤的示範，看看如果容器啟動的順序不同，會造成什麼樣的問題。

首先，我們透過下方指令清空所有的容器：

```
$ docker container rm --force $(docker container ls --all --quiet)
```

把接下來啟動的容器都連接到剛才建立的 app 虛擬網路內：

```
$ docker container run --publish 3000:3000 --detach --name whoami --network
app robeeerto/whoami # 不換行
```

接著打開瀏覽器輸入「http://127.0.0.1:3000」，應該會看到畫面顯示如下：

```
容器名稱：eb356e256481 # 不會和我一樣
容器的 IP 位置：172.26.0.2 # 不會和我一樣
環境變數 AUTHOR 是：robertchang # 這邊會一樣
```

這裡的容器名稱就是我們剛剛啟動容器的ID，而IP位置則是前面介紹過Docker分配的IP位置，至於第三個環境變數，則等到「第4章 Docker映像檔」才會進行解說，這裡可以暫時不理會。我們啟動第二個相同的容器：

```
$ docker container run --publish 3001:3000 --detach --name whoami-2
--network app robeeerto/whoami # 不換行
```

接著打開瀏覽器輸入「http://127.0.0.1:3001」，應該會看到畫面顯示如下：

```
容器名稱：c531f601ebf8 # 不會和我一樣
容器的 IP 位置：172.26.0.3 # 不會和我一樣
環境變數 AUTHOR 是：robertchang # 這邊會一樣
```

現在，app的虛擬網路中有著whoami及whoami-2兩個容器，接著我們試著用IP位置的方式來進行溝通，成功透過curl工具和whoami-2容器進行溝通了：

```
$ docker container exec --interactive --tty whoami sh <- 進入第一個容器
/ # curl 172.26.0.3:3000
容器名稱：c531f601ebf8<br> 容器的 IP 位置：172.26.0.3<br> 環境變數 AUTHOR 是：
robertchang
```

乍看之下沒有問題，但若是容器的啟動順序不同呢？如果把剛剛的流程重新走過一次，但在中間穿插一個不一樣的服務，會發生什麼事呢？

```
$ docker container rm --force $(docker container list --all --quiet)
# 清空所有容器
```

```
$ docker container run --publish 3000:3000 --detach --name whoami --network
app robeeerto/whoami # 不換行

$ docker container run --detach --name pg --env POSTGRES_PASSWORD=
mysecretpassword --network app postgres # 不換行

$ docker container run --publish 3001:3000 --detach --name whoami-2
--network app robeeerto/whoami # 不換行
```

現在，app 虛擬網路中有了 whoami、pg、whoami-2 等三個容器，且啟動的順序是在兩個 whoami 的容器中間穿插了 pg，讓我們繼續用 IP 位置來嘗試連線 whoami-2 容器：

```
$ docker container exec --interactive --tty whoami sh <- 進入第一個容器
/ # curl 172.26.0.3:3000
curl: (7) Failed to connect to 172.26.0.3 port 3000 after 1 ms: Connection
refused
```

依照相同的 IP 位置去做連線，就發生上述的狀況，因為啟動順序的調整，目前「172.26.0.3」這個 IP 位置被 pg 容器給拿走了。這在之後的「第 6 章 Docker Compose」更是大忌，畢竟容器啟動的順序在少量的情況下還可以手動控制，但若是幾百個容器時，則完全沒辦法透過 IP 位置溝通。

3.3.4 透過容器名稱來溝通

延續上一小節的情境，若是改用容器名稱來取代 IP 位置，就能夠確保不因為服務的啟動順序而造成連線的問題：

```
/ # curl whoami-2:3000 <- 還是在第一個容器內
容器名稱：6c95c42a6ece<br> 容器的 IP 位置：172.26.0.4<br> 環境變數 AUTHOR 是：
robertchang
```

如上面的示範，我們又成功和 whoami-2 容器進行溝通了。

為什麼是 port 3000 呢？

不知道眼尖的你有沒有發現，在剛剛用 IP 位置溝通的範例中，為什麼我們在第一個容器內是去 curl 172.26.0.3:3000 呢？明明 whoami-2 這個容器是 `--publish 3001:3000`，也就是打開 3001 的 port 呀！

```
$ docker container exec --interactive --tty whoami sh
/ # curl 172.26.0.3:3000 <- 為什麼是 port 3000?
容器名稱：c531f601ebf8<br> 容器的 IP 位置：172.26.0.3<br> 環境變數 AUTHOR 是：
robertchang
```

首先，可以回想一下左邊的 port 是什麼意思？代表的是在這台機器上對應的 port，而不是容器本身打開的 port 3001:3000，以這個例子來說，機器上打開 3001，但容器本身還是 3000。

而在相同的虛擬網路中，whoami 容器要找到 whoami-2 容器，並不需要進入網際網路，再回到虛擬網路中，而是直接透過容器本身所在的虛擬網路內的容器名稱（DNS），加上打開的 port 進行連線即可，透過圖 3-3 可以更清楚瞭解。

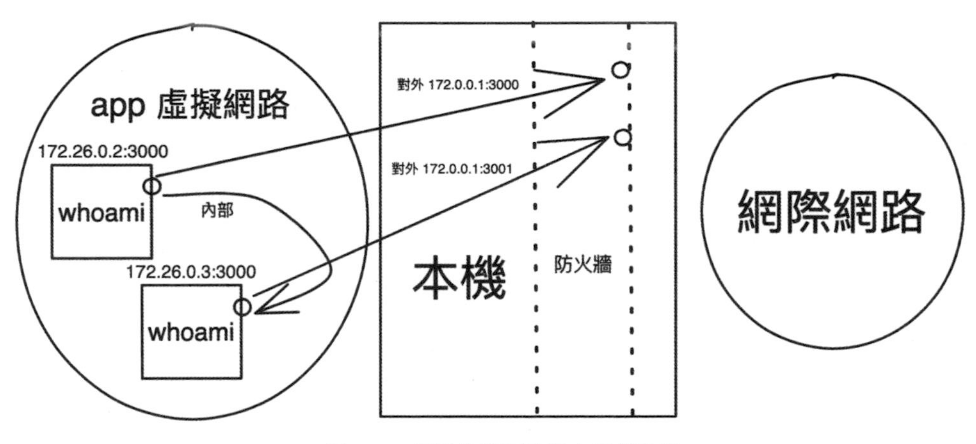

❖圖 3-3 相同虛擬網路間容器的溝通

為什麼不用 bridge Network 呢？

如果不指定虛擬網路的話，Docker 不是預設會以 bridge 的虛擬網路為主嗎？那為什麼還要特地自己建立虛擬網路呢？因為預設的 bridge 虛擬網路其實沒有內建的

Docker DNS 功能，所以若是使用預設的虛擬網路，會發現剛剛用 DNS 連線的範例是連線不到 whoami-2 的。

那麼是否有解決辦法嗎？有的，但就是較舊版本的 `--link` 指令，讓我們先嘗試用預設的 bridge 虛擬網路訪問 whoami-2 容器：

```
$ docker container rm --force $(docker container ls --all --quiet) # 清空所有容器

$ docker container run --publish 3000:3000 --detach --name whoami
robeeerto/whoami # 不換行

$ docker container run --publish 3001:3000 --detach --name whoami-2
robeeerto/whoami # 不換行

$ docker container exec --interactive --tty whoami sh
/ # curl whoami-2:3000
Could not resolve host: whoami-2
```

現在確定使用 bridge 虛擬網路並以 DNS 連線的方式，是沒辦法找到 whoami-2 這個容器的，讓我們先移除掉這兩個容器，並且用 `--link` 方式嘗試容器的溝通：

```
$ docker container rm --force $(docker container ls --all --quiet) # 清空所有容器

$ docker container run --publish 3000:3000 --detach --name whoami
robeeerto/whoami # 不換行

$ docker container run --publish 3001:3000 --detach --name whoami-2 --link
whoami robeeerto/whoami # 不換行

$ docker container exec --interactive --tty whoami-2 sh
/ # curl whoami:3000
容器名稱：da1c3d74fa2a<br> 容器的 IP 位置：172.26.0.2<br> 環境變數 AUTHOR 是：
robertchang
```

這邊進入的是 whoami-2 的容器內部，在執行時加入了 `--link` 指令，所以可以知道這是一個單向的指令，若我們進入的是 whoami 容器，則依舊還是沒辦法透過 DNS 的方式連線到 whoami-2。

這裡只是說明一下這個特別的使用方式，但其實 `--link` 指令已經是舊時代的產物了，更好的作法是建立虛擬網路，並且讓容器連接上同一個虛擬網路。

3.3.5 Round-robin DNS 演練

1. 手動建立一個虛擬網路。
2. 上網查詢一下關於 `--network-alias` 指令的作用。
3. 建立兩個 robeeerto / whoami 的容器綁定到剛剛建立的虛擬網路，並且加入 `--network-alias whoami` 指令，讓這兩個容器共用 whoami 這個別名，這裡不用特地打開 port，因為你並沒有要讓服務暴露到網際網路中。
4. 使用 centos:centos7 中內建的 curl 套件，並執行 `curl -s whoami:3000` 指令去請求 whoami 這個 DNS，多嘗試幾次，你會發現內容有所不同。

說明

每一個章節都會提供一些演練來熟悉本章的內容；若是想不出來，也不需要灰心，有時候可能是指令不熟悉所導致，可以往前翻閱來加強記憶，亦或是直接觀看解答，也可以幫助你解惑，記得 `--help` 以及 docs.docker.com 會是你最好的夥伴。

本章將會練習利用剛才學到的 Docker DNS 知識來使用 Round-robin DNS 這項技術，或許是你聽過的負載平衡以及 Load Balancing。

簡單來說，Round-robin DNS 的工作模式就是不單純用一個 IP 位置來做回應，而是用一個 IP 位置的列表來做回應，相同的服務將會被註冊在同一個列表上，每次請求都會以不同的伺服器端做回應，避免單獨一個伺服器負載過大而導致系統當機的問題，就像是你伸手進去一籃雞蛋，你每次都會拿到不同顆的雞蛋，但是拿到的永遠都會是雞蛋。

而 Docker 也能做到眾多相同服務的容器共用一個 DNS 的名稱，並且予以回應，這也是這個演練的重點。

Docker 映像檔

本章中我們將會介紹所有映像檔的相關知識，例如：什麼是映像檔、建置自己的映像檔、映像檔的快取機制以及多階段建置等，也會知道前幾個章節在啟動容器時，為什麼 `--publish 80:80` 右邊的 port 沒辦法隨便更動，以及 DockerHub 該如何使用，並打造屬於自己的儲存庫，最後會用不同的知名 Web 應用框架來打造基礎的映像檔。

4.1 什麼是映像檔？

首先解釋一下「什麼是映像檔」，簡單來說，就是 Docker **執行容器時的說明書並附上工具包的一個檔案**。

映像檔本身是透過一個叫做「Dockerfile」的檔案建置而成，而在 Dockerfile 中，我們可以一步步告訴 Docker：「嘿！照著這些步驟去執行，中間有些套件工具是必要的，幫我在執行容器時一起放進去吧」。映像檔不一定是一個作業系統，它只是單純在作業系統上的執行程序，這在「2.3 容器與虛擬機」小節已有詳細解釋過。

映像檔可以非常迷你，小到只是一個檔案，像是 Golang 的應用程式在編譯完後，就只是一個靜態的執行檔案；它也可以非常巨大，像是完整的 Ubuntu 作業系統，或是 PHP 的執行環境等。

4.2 從 DockerHub 開始認識映像檔

接下來將使用 DockerHub 的一些功能，並看看世界上最大的映像檔儲存庫裡面的映像檔。

|STEP| 01 登入之後，會到自己的個人頁面，新註冊的帳號不會有任何屬於自己的映像檔，如圖 4-1 所示（你的映像檔是空的）。

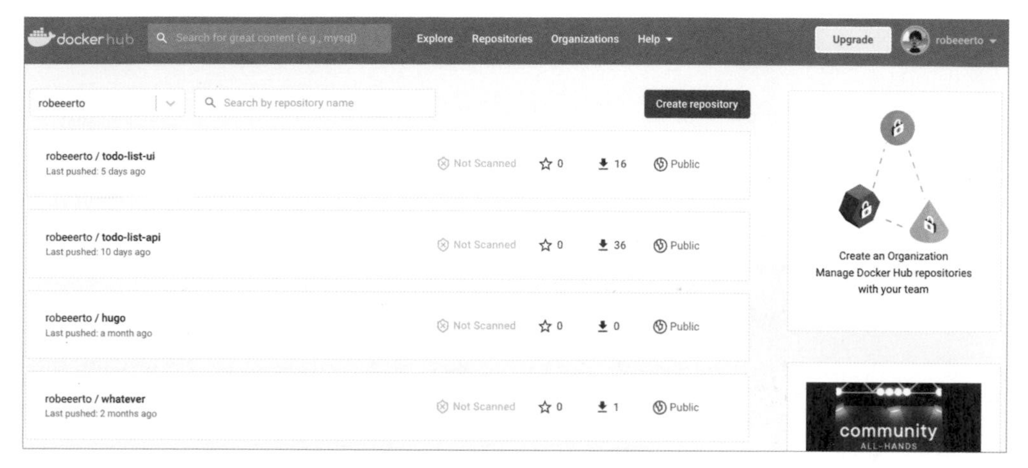

❖圖 4-1　DockerHub 的個人頁面

從圖 4-1 可以看到我個人的映像檔，最右邊有一個「Public」的字樣，這說明這些映像檔是可以被公開下載的。

|STEP| 02 我們在上面的搜尋框中搜尋「nginx」來看看。

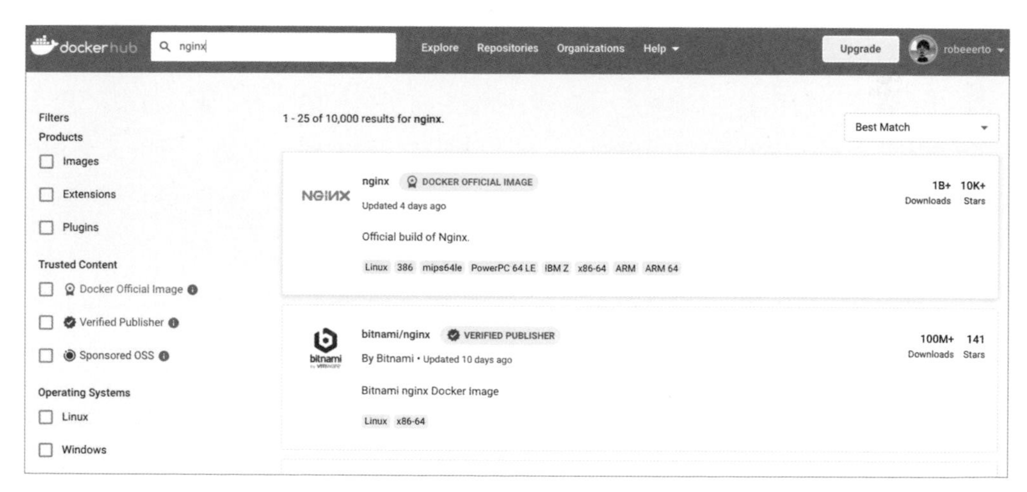

❖圖 4-2　搜尋「nginx」後的結果

可以在圖 4-2 中看到兩種截然不同的徽章，分別是「DOCKER OFFICIAL IMAGE」以及「VERIFIED PUBLISHER」，這裡分別說明一下差別在哪。

4.2.1 DOCKER OFFICIAL IMAGE

官方映像檔放置在DockerHub上，其目的是提供基本的作業系統（例如：Ubuntu、CentOS）或服務（例如：postgreSQL、redis等），希望可以作為大多數使用者的起點，也為現在流行的程式語言提供類似「平台即服務」的概念，像是Ruby、Golang、Node等，都有官方認可的映像檔。

官方映像檔同時也是Dockerfile的最佳實踐範例，提供非常清楚的說明，讓其他使用者在撰寫Dockerfile的時候，有一個很好的參考，也確保安全性及更新速度，這非常重要，因為官方映像檔基本上就是DockerHub上最受歡迎的映像檔。

Docker這間公司還專門贊助了一個團隊，負責審查和發布官方映像檔的所有內容，這個團隊和服務本身的軟體開發者（例如：Ubuntu的開發團隊）、安全專家以及開源的社區們共同合作，雖然還是由服務本身的軟體開發者來維護他們的映像檔最好，但這畢竟沒有什麼實質的約束效力。他們來幫忙維護官方映像檔，比較像是一個互助的過程，這些官方的Dockerfile也都在GitHub上面公開，而且鼓勵大家都可以發PR或是參與討論。

4.2.2 VERIFIED PUBLISHER

為所有開發者提供官方的驗證，這些映像檔來自可信賴的來源，減少了從不安全的儲存庫中拉取危險映像檔的風險。基本上只要有這個徽章，就是可信賴又安全的映像檔，也可以透過嚴格的安全審查和DockerHub官方申請這個徽章。

我該用哪一個？

「我該用哪一個」的答案很簡單，就是使用官方的映像檔。基本上，所有你想得到的服務都有官方映像檔的版本，例如：今天需要Redis的服務好了，我們就去搜尋「Redis」看看。

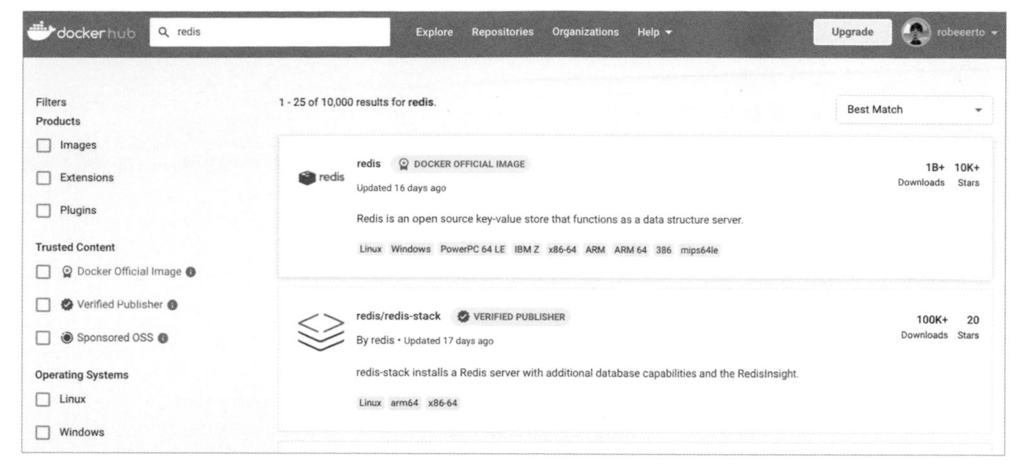

❖圖 4-3　搜尋 redis 的結果

官方的映像檔沒有前綴

不知道透過圖 4-3 有沒有發現，只要是官方的映像檔都沒有前綴，就只有單純的服務名稱而已。那這個前綴代表什麼呢？代表的是你的 DockerHub 暱稱，也就是右上角的大頭貼旁邊的名字。

在後面的章節中，會完全解析映像檔的全名，其實它比想像的還要冗長，只是在 DockerHub 的幫助下，看起來簡潔有力而已。

學會看官方映像檔的使用說明

圖 4-3 中搜尋完「Redis」的結果，我們點擊進入「Redis」的頁面，可以看到說明中有「How to use this image」小節，只要仔細閱讀觀看的話，使用上都沒有什麼太大的問題，如圖 4-4 所示。

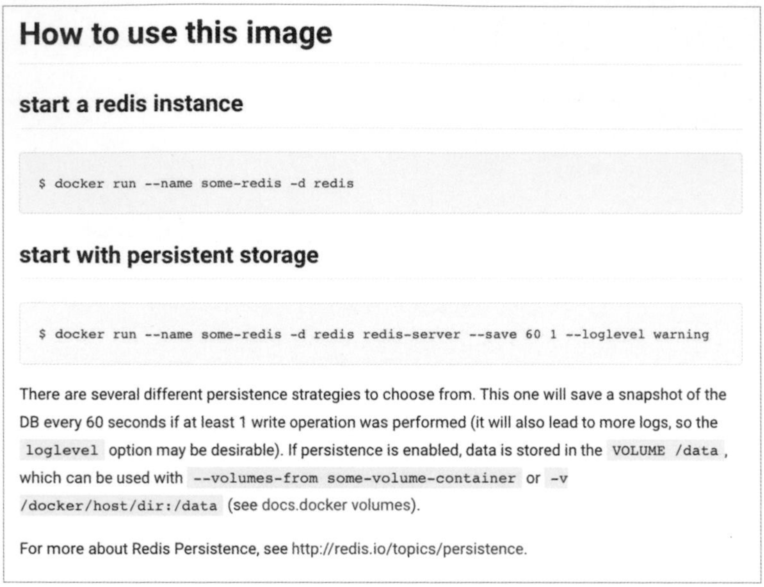

How to use this image

start a redis instance

```
$ docker run --name some-redis -d redis
```

start with persistent storage

```
$ docker run --name some-redis -d redis redis-server --save 60 1 --loglevel warning
```

There are several different persistence strategies to choose from. This one will save a snapshot of the DB every 60 seconds if at least 1 write operation was performed (it will also lead to more logs, so the `loglevel` option may be desirable). If persistence is enabled, data is stored in the `VOLUME /data`, which can be used with `--volumes-from some-volume-container` or `-v /docker/host/dir:/data` (see docs.docker volumes).

For more about Redis Persistence, see http://redis.io/topics/persistence.

❖圖 4-4 redis Image 的使用說明

依照我們前三章學過的指令，現在應該可以開始看懂使用說明中的指令了。

4.3 映像檔的標籤

在 Redis 的頁面中，會看到一個段落有著滿滿的版本以及作業系統的後綴，如圖 4-5 所示。

Supported tags and respective `Dockerfile` links

- `7.0.5` , `7.0` , `7` , `latest` , `7.0.5-bullseye` , `7.0-bullseye` , `7-bullseye` , `bullseye`
- `7.0.5-alpine` , `7.0-alpine` , `7-alpine` , `alpine` , `7.0.5-alpine3.16` , `7.0-alpine3.16` , `7-alpine3.16` , `alpine3.16`
- `6.2.7` , `6.2` , `6` , `6.2.7-bullseye` , `6.2-bullseye` , `6-bullseye`
- `6.2.7-alpine` , `6.2-alpine` , `6-alpine` , `6.2.7-alpine3.16` , `6.2-alpine3.16` , `6-alpine3.16`
- `6.0.16` , `6.0` , `6.0.16-bullseye` , `6.0-bullseye`
- `6.0.16-alpine` , `6.0-alpine` , `6.0.16-alpine3.16` , `6.0-alpine3.16`
- `5.0.14` , `5.0` , `5` , `5.0.14-bullseye` , `5.0-bullseye` , `5-bullseye`
- `5.0.14-32bit` , `5.0-32bit` , `5-32bit` , `5.0.14-32bit-bullseye` , `5.0-32bit-bullseye` , `5-32bit-bullseye`
- `5.0.14-alpine` , `5.0-alpine` , `5-alpine` , `5.0.14-alpine3.16` , `5.0-alpine3.16` , `5-alpine3.16`

❖圖 4-5　redis 的支援版本

從「第 2 章 Docker 容器」開始，我們就一直使用 latest 的標籤（tag），在目前的使用慣例下，可以代表「最新版本」的意思，這是因為 Docker 在沒有指定標籤的情況下，都會預設拉「latest」的版本下來，那要如何指定版本呢？可使用以下指令：`docker image pull 映像檔名稱`（在映像檔的後方加上標籤號，下方的案例為 redis:7.0）：

```
$ docker image pull redis:7.0
7.0: Pulling from library/redis
7a6db449b51b: Already exists
05b1f5f3b2c0: Pull complete
f0036f71a6fe: Pull complete
cd7ddcecb993: Pull complete
8cfc9a467ed7: Pull complete
2a9998409df9: Pull complete
Digest: sha256:495732ba570db6a3626370a1fb949e98273a13d41eb3e26f7ecb1f6e31
ad4041
Status: Downloaded newer image for redis:7.0
docker.io/library/redis:7.0
```

接著可以透過 `docker image list` 指令，來確認本地端擁有的映像檔：

```
$ docker image list
REPOSITORY TAG      IMAGE ID     CREATED      SIZE
redis      7.0      dc7b40a0b05d 7 days ago   117MB
httpd      latest   a981c8992512 7 days ago   145MB
postgres   latest   f8dd270e5152 2 weeks ago  376MB
nginx      latest   b692a91e4e15 4 weeks ago  142MB
```

可看到除了之前使用過的映像檔外，也多了一個剛剛拉下來的「redis:7.0」的映像檔，接著再試試看拉下「7.0.4」的版本會發生什麼事：

```
$ docker image pull redis:7.0.4
7.0.4: Pulling from library/redis
Digest: sha256:495732ba570db6a3626370a1fb949e98273a13d41eb3e26f7ecb1f6e31
ad4041
Status: Downloaded newer image for redis:7.0.4
docker.io/library/redis:7.0.4
```

會發現整個下載速度和第一次差非常多，這是怎麼一回事呢？我們打開映像檔列表看看：

```
$ docker image list
REPOSITORY TAG      IMAGE ID     CREATED      SIZE
redis      7.0.4    dc7b40a0b05d 2 mins ago   117MB
redis      7.0      dc7b40a0b05d 2 mins ago   117MB
httpd      latest   a981c8992512 7 days ago   145MB
postgres   latest   f8dd270e5152 2 weeks ago  376MB
nginx      latest   b692a91e4e15 4 weeks ago  142MB
```

意外發現「7.0」以及「7.0.4」的 IMAGE ID 是完全相同的，因為這兩個是同一份映像檔，只是用不同的標籤標示而已，這才觸發 Docker 本身的快取機制，導致根本沒有下載的感覺，因為本機已經有一份一樣的映像檔了。

至於映像檔的大小，雖然都是 117MB，但實際上在電腦上占據的容量並不是相加的 234MB，而是 117MB，因為這兩份映像檔的標籤都指向同一個映像檔，所以不會額外占據本機磁碟空間。

有趣的是，若是將滑鼠移動至「DockerHub redis」頁面的標籤，會發現同一份映像檔、但不同標籤的，會一起套上底線的效果，如圖 4-6 所示。

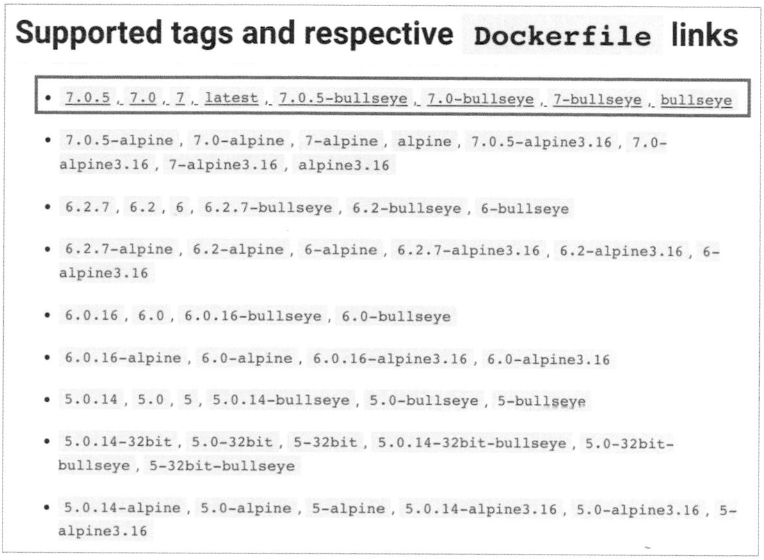

Supported tags and respective `Dockerfile` links

- `7.0.5`, `7.0`, `7`, `latest`, `7.0.5-bullseye`, `7.0-bullseye`, `7-bullseye`, `bullseye`
- `7.0.5-alpine`, `7.0-alpine`, `7-alpine`, `alpine`, `7.0.5-alpine3.16`, `7.0-alpine3.16`, `7-alpine3.16`, `alpine3.16`
- `6.2.7`, `6.2`, `6`, `6.2.7-bullseye`, `6.2-bullseye`, `6-bullseye`
- `6.2.7-alpine`, `6.2-alpine`, `6-alpine`, `6.2.7-alpine3.16`, `6.2-alpine3.16`, `6-alpine3.16`
- `6.0.16`, `6.0`, `6.0.16-bullseye`, `6.0-bullseye`
- `6.0.16-alpine`, `6.0-alpine`, `6.0.16-alpine3.16`, `6.0-alpine3.16`
- `5.0.14`, `5.0`, `5`, `5.0.14-bullseye`, `5.0-bullseye`, `5-bullseye`
- `5.0.14-32bit`, `5.0-32bit`, `5-32bit`, `5.0.14-32bit-bullseye`, `5.0-32bit-bullseye`, `5-32bit-bullseye`
- `5.0.14-alpine`, `5.0-alpine`, `5-alpine`, `5.0.14-alpine3.16`, `5.0-alpine3.16`, `5-alpine3.16`

❖圖 4-6　同一個映像檔的底線效果

而標籤最大的作用就是「穩定版本」，如果今天只有「latest」一種標籤可以選擇時，對於正式環境是非常不可靠的，永遠都要擔心版本更迭會不會造成非預期性的崩壞，所以之後正式部署的範例中使用的服務都會指定標籤，這一方面也保證了應用程式的穩定性。

怎麼到處都有 alpine？

如果你是剛開始學習 Docker 的新手，可能會常常聽到「alpine」這個名詞，這其實就是 Linux 作業系統的一個分支，和 Ubuntu、CentOS 是一樣的，那為什麼在 Docker 的世界中，alpine 討論度會這麼高呢？最大的原因就在於它非常小。讓我們下載 redis 的 alpine 版本試試：

```
$ docker image pull redis:7-alpine
7-alpine: Pulling from library/redis
213ec9aee27d: Already exists
c99be1b28c7f: Pull complete
8ff0bb7e55e3: Pull complete
6d80de393db7: Pull complete
8dbffc478db1: Pull complete
7402bc4c98a0: Pull complete
Digest: sha256:dc1b954f5a1db78e31b8870966294d2f93fa8a7fba5c1337a1ce4ec55f3
11bc3
Status: Downloaded newer image for redis:7-alpine
docker.io/library/redis:7-alpine
```

接著列出映像檔來看檔案大小的差異：

```
$ docker image list
REPOSITORY TAG       IMAGE ID     CREATED       SIZE
redis      7-alpine  9192ed4e4955 1 mins ago    28.5MB
redis      7.0.4     dc7b40a0b05d 5 mins ago    117MB
redis      7.0       dc7b40a0b05d 5 mins ago    117MB
httpd      latest    a981c8992512 7 days ago    145MB
postgres   latest    f8dd270e5152 2 weeks ago   376MB
nginx      latest    b692a91e4e15 4 weeks ago   142MB
```

它足足少了 90MB，卻可以提供相同的服務，但在瘦身這麼多的情況下，勢必要做出一些犧牲，某些基礎的套件在 alpine 內沒有提供，若是有需要都要自己做安裝的動作。

4-4 層層堆疊的映像檔

透過 docker image history 指令，來感受一下層層堆疊的映像檔是什麼概念，我們以 nginx 這個映像檔來試試看：

```
$ docker image history nginx:latest
IMAGE         CREATED       CREATED BY     SIZE    COMMENT
b692a91e4e15 4 weeks ago   /bin/.....    0B
<missing>     4 weeks ago   /bin/.....    0B
<missing>     4 weeks ago   /bin/.....    0B
<missing>     4 weeks ago   /bin/.....    0B
<missing>     4 weeks ago   /bin/.....    4.61kB
<missing>     4 weeks ago   /bin/.....    1.04kB
<missing>     4 weeks ago   /bin/.....    1.96kB
<missing>     4 weeks ago   /bin/.....    1.2kB
<missing>     4 weeks ago   /bin/.....    61.1MB
<missing>     4 weeks ago   /bin/.....    0B
<missing>     4 weeks ago   /bin/.....    0B
<missing>     4 weeks ago   /bin/.....    0B
<missing>     4 weeks ago   /bin/.....    0B
<missing>     4 weeks ago   CMD ["bash"] 0B
<missing>     4 weeks ago   ADD file      80.4MB
```

可以看到每一個「映像層」由下而上堆疊起來，到最後形成一個映像檔，並且賦予 ID b692a91e4e1。這個歷史紀錄並不是來自容器的歷史紀錄，而是這個映像檔在建置時的歷史紀錄，在每一層都帶有不同的指令，有些是執行指令，有些是加入檔案，所以才會有 0B 的層級，也有 80.4MB 的層級。

在自己的終端機中，可以看到除了 Dockerfile 中的 `ADD`、`COPY` 指令之外，也會看到一些 Linux 的指令，像是 `addgroup --system` 等，而這些都是映像檔的成分，每一層都有它的意義存在，每一層也都會影響著下一層。

你也可以嘗試使用 `docker image history` 指令，去看看 redis、postgres 等服務中有哪些有趣的細節。

4.5 映像檔快取的祕密

在映像檔中，每一層映像層都有獨一無二由 SHA（Secure Hash Algorithm）所計算出來的 ID，目的是幫助 Docker 去辨認是否已經有一樣的映像層。

自製一個帶有 PHP 程式語言環境的映像檔

舉例來說，我想要自製一個帶有 PHP 程式語言環境的映像檔：

|STEP| 01 我們使用 PHP 的映像檔當作基底。

❖圖 4-7 自製映像檔的第一層

|STEP| 02 撰寫 Dockerfile。在這個第一層的 PHP 之上增加新的映像層，像是加入環境變數，或是 COPY 本機的資料到映像檔內等。

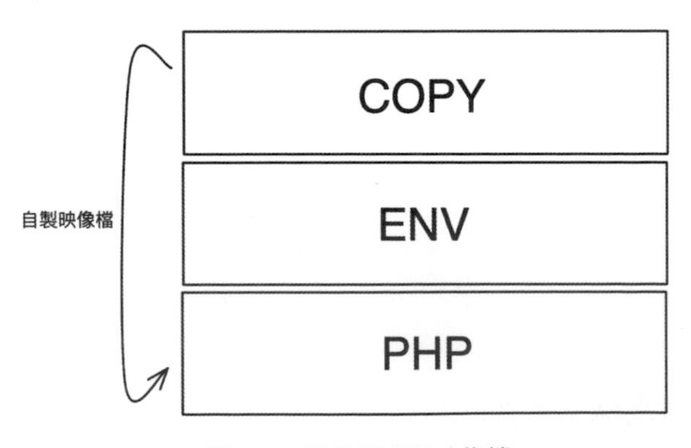

❖圖 4-8 堆疊而成的映像檔

|STEP| 03 我們想要做另一個以 PHP 為基礎的映像檔，而 Docker 將會利用前面提到的獨一無二的 ID，辨識出已經有相同的 PHP 映像檔在本機之中，並利用其已存在的特性加快映像檔的建置，也一併減少整體電腦耗費的硬體容量，這是 Docker 最基本的快取機制。

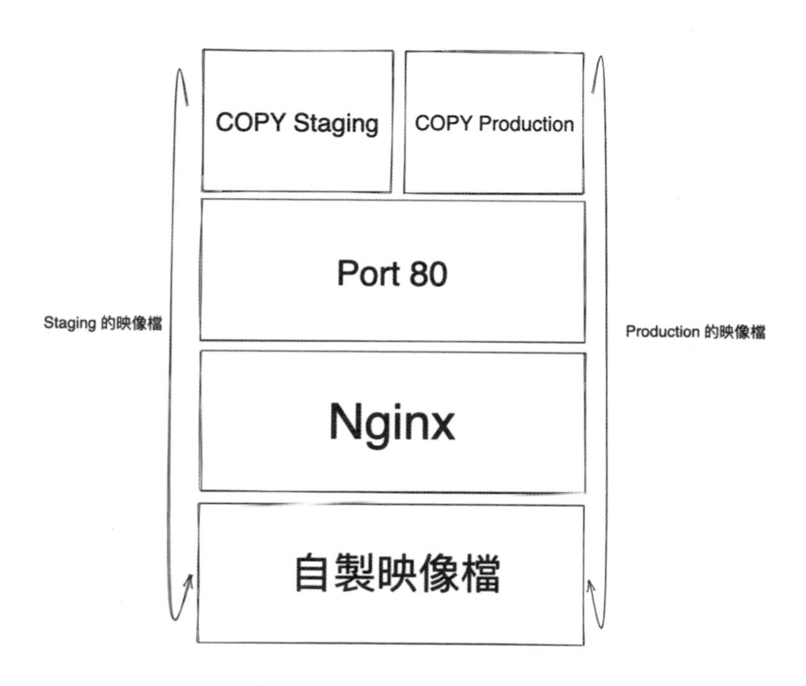

❖圖 4-9　共用相同映像檔的兩個映像檔

現在對於上面的 ENV、COPY、RUN 指令不熟沒關係，先瞭解到映像檔是透過一層一層的映像層堆疊而成，而**每一個指令都會形成一個映像層**，這是很重要的概念，之後會反覆利用這個概念來加快建置的速度和大小。

對相同應用程式建置兩個不同的映像檔

再舉一個例子，相同的一個應用程式可能會因為部署環境的不同，而分成「Staging」（接近正式）及「Production」（正式）兩種版本，並使用 COPY 指令來複製不同的設定檔案，進而建置兩個不同的映像檔。

如圖 4-10 所示，雖然是不同的兩個版本，但利用辨識 SHA ID 的手法，乍看之下需要八個映像層的建置，最後其實只建造了五個。

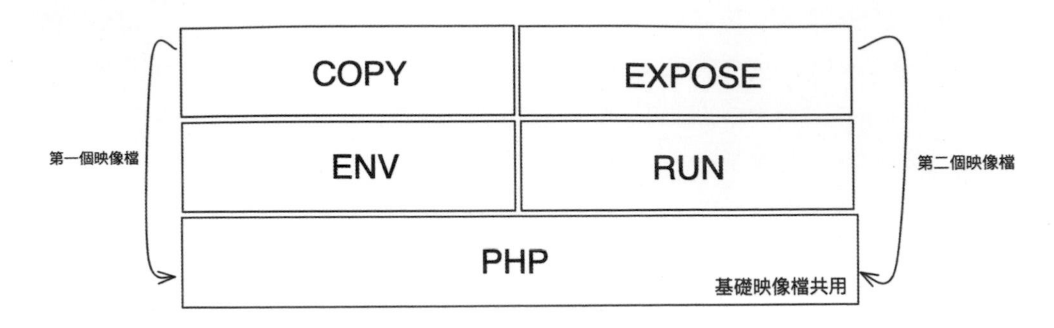

❖圖 4-10 Docker 的快取特性

映像檔歷史紀錄中的 missing

透過快取的機制更瞭解映像檔後，根據圖 4-11，由下往上看，就像是 `docker image history` 一樣，每一個歷史紀錄都代表了一個映像層，我們也可以透過歷史紀錄看到每一層最後一次更動的時間是什麼時候。

而最前面的 missing 其實不是錯誤訊息，也不是有什麼檔案缺失，只是這些都是同屬於一個映像檔的一部分，但又礙於 ID 並不是每一個映像層都需要，才用這種方式顯示。雖然我自已認為這樣會造成一些誤會，但沒辦法，這是 Docker 官方的作法。

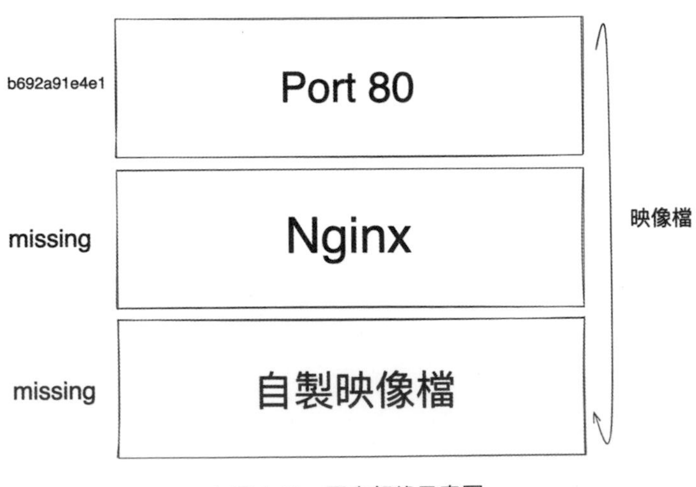

❖圖 4-11 歷史紀錄示意圖

4.6 映像檔的唯讀性

映像檔本身是唯讀的，意思就是我們沒辦法更動映像檔內部的檔案系統，那你可能會想說：「第 2 章 Docker 容器」中還練習過在 Ubuntu 裡面安裝 curl 這個套件，怎麼會說映像檔的檔案系統是不能更動呢？當時有稍微提過可寫層，現在會更深入探討。

Docker 在容器啟動時，多加了一層可寫層在映像檔的上方，所有對於檔案系統的更動都會記錄在可寫層上，且會隨著容器的刪除而一併消失。若是更改的內容涉及映像檔原先擁有的檔案，Docker 則會在可寫層上採用 Copy & Write 的方式，使得映像檔最初的檔案系統依舊保持一致，這麼做的理由其實非常簡單，若是每次使用映像檔都會導致其檔案系統受到污染，那就會大幅降低共同使用的方便性，啟動速度也會大幅下降，如圖 4-12 所示。

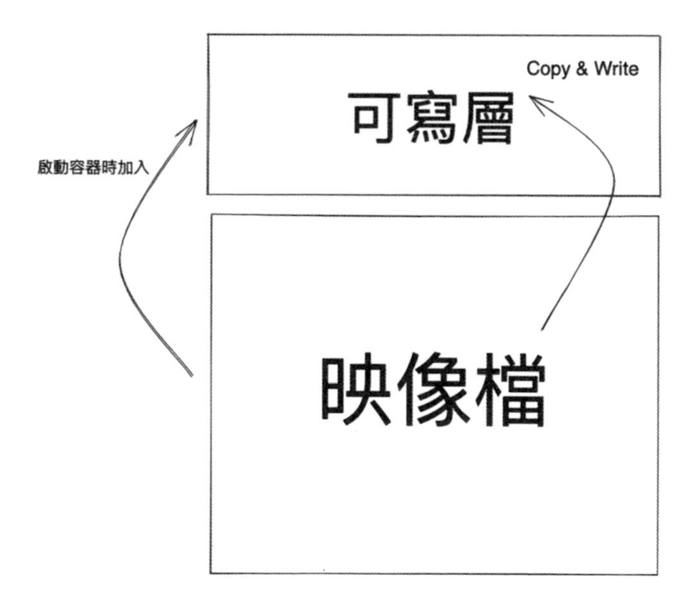

❖圖 4-12　利用可寫層來保持唯讀性

在「第2章 Docker容器」中，我們透過 `docekr container inspect` 指令來查看容器的細節資料，而映像檔當然也有支援這樣的指令。讓我們來看看能夠得到什麼有用的資訊：

```
$ docker image inspect nginx
[
  ...
  "ExposedPorts": {
  "80/tcp": {}
  },
  ....
  "Env": [
    "PATH=/usr/local/sbin:/usr/local/bin:/usr/sbin:/usr/bin...",
    "NGINX_VERSION=1.23.1",
    "NJS_VERSION=0.7.6",
    "PKG_RELEASE=1~bullseye"
  ],
  ....
  "Cmd": [
    "/bin/sh",
    "-c",
    "#(nop) ",
    "CMD [\"nginx\" \"-g\" \"daemon off;\"]"
  ],
  ....
  "Os": "linux",
  ...
]
```

從最上面的「ExposedPorts」，可以看出映像檔在建置時，便已經設定好開啟的port，這也是為何在練習容器操作的章節，我們都不會去更動右邊的port（幫你回憶一下，`--publish` 的格式是8080:80），因為更動後會和映像檔設定的不同，造成服務對不上的情況發生。

第二段的「ENV」則是環境變數，其是在建置映像檔時就可放進去的變數，而容器啟動時，內部就會擁有這些環境變數。這邊可以做個測試，先進入 nginx 執行的容器，並且呼叫環境變數：

```
$ docker container run --interactive --tty nginx bash
root@5ada1085c888:/# echo $NGINX_VERSION
1.23.1
root@5ada1085c888:/# exit
```

這樣可以稍微理解**映像檔作為啟動容器的說明書以及工具包**這個概念了嗎？

第三段則是在「第 2 章 Docker 容器」提過的「啟動指令」，這裡預設是啟動 nginx 的服務。回到前面說過的「唯讀性」，我們做的這些改變並不會影響到 nginx 映像檔本身，即使替換了啟動指令，也都是在可寫層的變化，利用 `docker image inspect` 指令查看到映像檔本身並沒有任何改變。

最後則是「OS」，也就是作業系統，可以看到這裡被設計執行在 Linux 的作業系統上，也呼應「2.3 容器與虛擬機」中說過 macOS 本身也是運行一個迷你的虛擬機來執行 Docker，所以這裡看到的 OS 才不會是 macOS，而是 Linux。

4.7 推送映像檔到 DockerHub

接下來，將會練習把本地的映像檔推送到 DockerHub。

4.7.1 映像檔加上儲存庫的名稱

在「4.3 映像檔的標籤」中，已經介紹過關於映像檔的「標籤們」會對應到同一份獨一無二的映像檔。對於熟悉 Git 的朋友們來說，可能會認為這和 commit 是一樣的，但實質上並不一樣，commit 代表的是記錄這次檔案的更動，而映像檔的標籤更像是指向某一個版本的映像檔而已，所以一個版本的映像檔可以有超級多的標籤，如同之前提過的一樣。

現在腦中的認知，映像檔應該是長這樣的，下方用 nginx 做示範：

```
nginx:latest # 映像檔的名稱：標籤
```

latest 標籤在目前的使用慣例上，幾乎都是「最新版本」的意思，但其實它是預設的標籤，所以我個人認為如果叫做「default」會更好，但這也不是我能決定的，大家用得習慣、有共識就好。

接下來，要在這個映像檔前面加上儲存庫的名稱，告訴它要存到哪一個儲存庫之中。我們先打開映像檔的列表，就可以看到從左至右分別是儲存庫的「名稱」、「標籤」、「映像檔的 ID」、「建立時間」以及「大小」：

```
$ docker image list
REPOSITORY         TAG      IMAGE ID     CREATED      SIZE
redis              7.0.4    dc7b40a0b05d 2 mins ago   117MB
redis              7.0      dc7b40a0b05d 2 mins ago   117MB
httpd              latest   a981c8992512 7 days ago   145MB
postgres           latest   f8dd270e5152 2 weeks ago  376MB
nginx              latest   b692a91e4e15 4 weeks ago  142MB
robeeerto/whoami   latest   44dec3c891tr 5 days ago   276MB
```

上方的「robeeerto/whoami」明顯看起來和其他的映像檔不太一樣，「4.2 從 DockerHub 開始認識映像檔」中有簡單提到官方映像檔是沒有前綴的，而斜線前面的名稱則代表「儲存庫的名稱」，也就是 DockerHub 登入後右上角的名稱。

那麼我們要怎麼改變映像檔的名字呢？可以用 `docker image tag` 指令，把 nginx:latest 貼上一個不同的標籤：

```
$ docker image tag nginx:latest robeeerto/nginx:latest
# 無反應是正常的
```

```
$ docker image list
REPOSITORY          TAG     IMAGE ID     CREATED      SIZE
redis               7.0.4   dc7b40a0b05d 2 mins ago   117MB
redis               7.0     dc7b40a0b05d 2 mins ago   117MB
httpd               latest  a981c8992512 7 days ago   145MB
postgres            latest  f8dd270e5152 2 weeks ago  376MB
nginx               latest  b692a91e4e15 4 weeks ago  142MB
robeeerto/whoami    latest  44dec3c891tr 5 days ago   276MB
robeeerto/nginx     latest  b692a91e4e15 4 weeks ago  142MB
```

這裡的貼標籤並沒有對映像檔做任何的更動，可以看到不論是建立時間、還是映像檔 ID 都是一模一樣。

接著可以用 docker image push 指令，把映像檔推到已經註冊好的 DockerHub：

```
$ docker image push robeeerto/nginx:latest
The push refers to repository [docker.io/robeeerto/nginx]
b539cf60d7bb: Preparing
bdc7a32279cc: Preparing
f91d0987b144: Preparing
3a89c8160a43: Preparing
e3257a399753: Preparing
92a4e8a3140f: Waiting
denied: requested access to the resource is denied
```

可以看到請求被回絕了，看起來是權限上面的問題，這是因為還沒有登入的關係，對於推送映像檔到 robeeerto 的儲存庫並沒有權限。

4.7.2 用終端機登入 DockerHub

使用 docker login 指令，並輸入你的使用者名稱以及 DockerHub 的密碼：

```
$ docker login
Username: robeeerto
Password: 輸入 DockerHub 的密碼

Login Succeeded
```

有可能你會遇到下面的問題，若是沒有遇到的讀者可以直接跳過：

```
$ docker login
Username: robeeerto
Password: 輸入 DockerHub 的密碼

Error response from daemon: Get "https://registry-1.docker.io/v2/":
unauthorized: please use personal access token to login
```

錯誤訊息會請我們去申請個人的 Token 來進行登入：

|STEP| **01** 打開 DockerHub 並點擊大頭貼，進入 Account Setting。

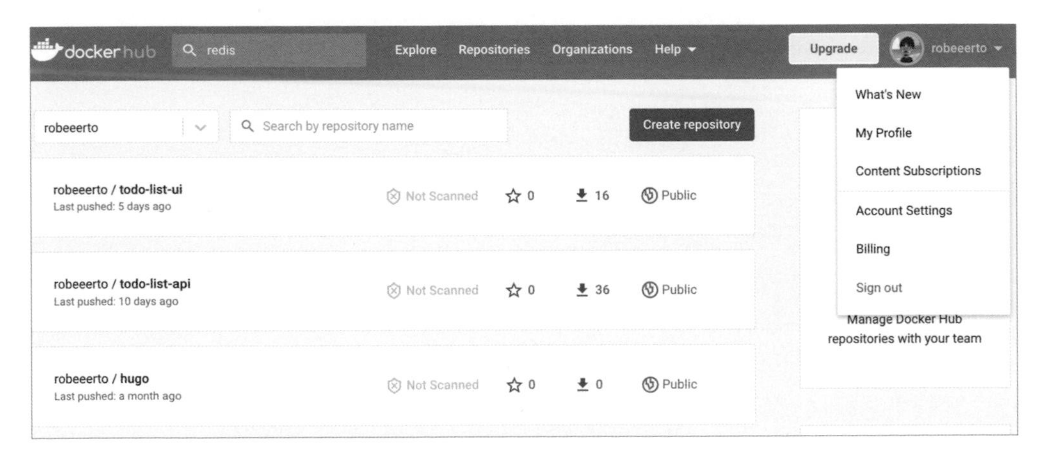

❖圖 4-13　Token 申請流程圖①

|STEP| **02** 點擊左邊的「Security」選項，會看到畫面中有「New Access Token」按鈕，點擊下去。

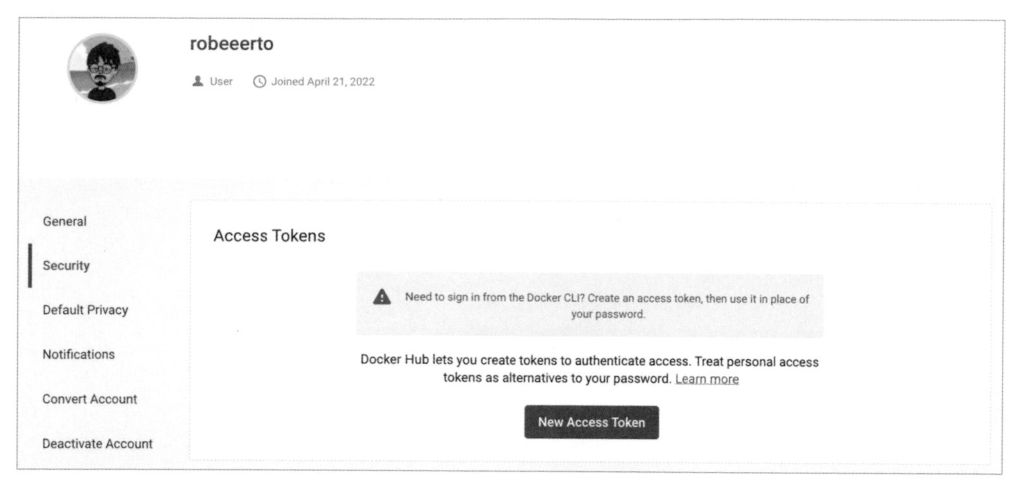

❖圖 4-14　Token 申請流程圖②

|STEP| 03 填入對於這個 Token 的描述，我填的是「MyMacBook」，然後點擊「Generat」按鈕。

New Access Token

A personal access token is similar to a password except you can have many tokens and revoke access to each one at any time. Learn more

Access Token Description *

Access permissions

Read, Write, Delete

Read, Write, Delete tokens allow you to manage your repositories.

Cancel　Generate

❖圖 4-15　Token 申請流程圖③

|STEP| 04 接下來，畫面會依序告知你該如何在終端機登入 DockerHub。

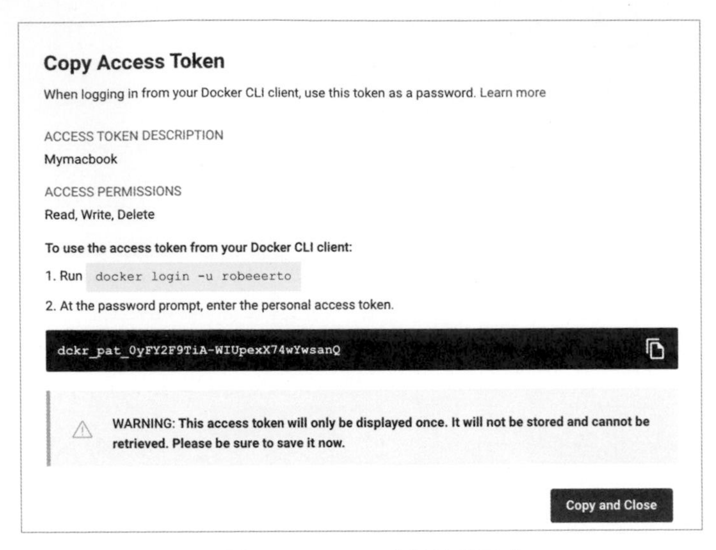

❖圖 4-16 Token 申請流程圖④

照著步驟在終端機依序輸入，這樣就成功利用終端機登入 DockerHub，我們可以來嘗試推送映像檔了。

```
$ docker login -u robeeerto
Password: # 貼上產生的 Token
Login Succeeded

Logging in with your password grants your terminal complete access to your
account.
For better security, log in with a limited-privilege personal access token.
Learn more at https://docs.docker.com/go/access-tokens/
```

4.7.3 推送映像檔

從下方的輸出中，可以注意到「Mounted from library/nginx」這段資訊是表示現在推上去的映像檔雖然不存在 robeeerto 的儲存庫中，但在整個 DockerHub 內有一模一樣的映像層存在。

```
$ docker image push robeeerto/nginx:latest
The push refers to repository [docker.io/robeeerto/nginx]
```

```
b539cf60d7bb: Mounted from library/nginx
bdc7a32279cc: Mounted from library/nginx
f91d0987b144: Mounted from library/nginx
3a89c8160a43: Mounted from library/nginx
e3257a399753: Mounted from library/nginx
92a4e8a3140f: Mounted from library/postgres
latest: digest: sha256:f26fbadb0acab4a21ecb4e337a3269.. size: 1570
```

DockerHub 從另一個儲存庫 library/nginx 分享了映像層給我們，這樣做可以大幅減少 DockerHub 在儲存映像檔的容量問題，同時也能加快推送的速度。

另外，上方的輸出還透露了另外一個訊息就是「官方映像檔並非真的沒有前綴，而是不顯示而已」，這裡不就清楚看到前綴是 library 了嗎？代表它們隸屬於 library 這個儲存庫。

接著回到 DockerHub 的個人頁面，應該會看到剛剛推送上來的映像檔，如圖 4-17 所示。

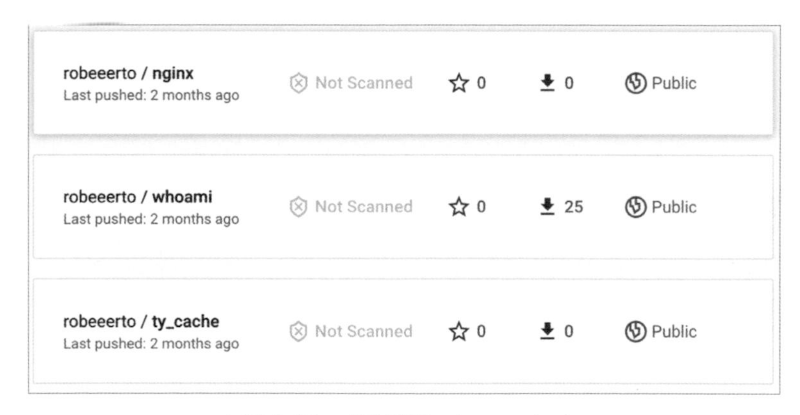

❖圖 4-17　成功推送 robeeerto/nginx

4.7.4　重貼標籤試試快取

前面有提過，映像層是利用每一層的獨特 ID 來辨識存不存在，並利用這個機制來避免重複建置映像層。我們把剛剛的「robeeerto/nginx:latest」映像檔換一個標籤推上去，看看會發生什麼事：

```
$ docker image tag robeeerto/nginx:latest robeeerto/nginx:v2
# 無反應為正常情況

$ docker image push robeeerto/nginx:v2
The push refers to repository [docker.io/robeeerto/nginx]
b539cf60d7bb: Layer already exists
bdc7a32279cc: Layer already exists
f91d0987b144: Layer already exists
3a89c8160a43: Layer already exists
e3257a399753: Layer already exists
92a4e8a3140f: Layer already exists
v2: digest: sha256:f26fbadb0acab4a21ecb4e337a32690... size: 1570
```

可以看到不論是體感的速度，還是 Docker 給予的回應，都可以驗證先前所提到的快取機制。

接著回到 DockerHub，確實可以看到兩個不同的標籤有著相同的映像檔 ID，如圖 4-18 所示。

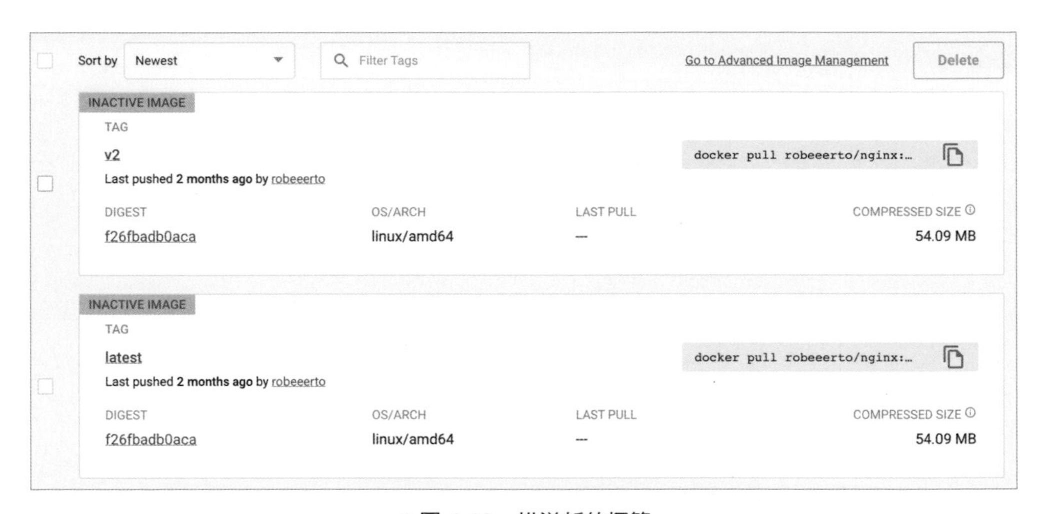

❖圖 4-18　推送新的標籤

4.7.5 映像檔的完全名稱

在推送映像檔的時候，會注意到有一行寫著：

```
The push refers to repository [docker.io/robeeerto/nginx]
```

後面的「robeeerto/nginx」已經解釋過了，那前面的「docker.io」又是什麼呢？這其實是 DockerHub 儲存庫的網域名稱，所以下方這段才是映像檔的全名：

```
docker.io/robeeerto/nginx:latest
```

Docker 也有提供儲存庫本身的映像檔，意味著使用者可以建立屬於自己的儲存庫，若成功部署至網際網路後，推送映像檔的全名會像這樣：「robeeerto.com（部署的網域名稱）/robeeerto/nginx:latest」。

對於私人的專案，除了付費使用 DockerHub 的 Private Registry 之外，架設一個屬於自己的映像檔儲存庫，也是一件很值得的事情，在後面的章節中，將會帶領大家部署一個屬於自己的映像檔儲存庫。

4.8 本地建立映像檔儲存庫

雖然後面的章節會教學如何把映像檔儲存庫部署到網際網路上，但還是要先在本地端嘗試一下映像檔儲存庫的容器執行起來是什麼樣子，以及如何在沒有畫面的情況下和映像檔儲存庫做互動呢？

輸入下方指令：

```
$ docker run --detech --publish 5000:5000 --name registry --env REGISTRY_
STORAGE_DELETE_ENABLED=true registry:2 # 不換行
53efa11dfca5342c348f71e417302969180c4db5a046cca....
```

這時本地端已經執行了一個映像檔儲存庫，讓我們試著把剛才重新貼標籤的映像檔再換一個新的標籤：

```
$ docker image tag robeeerto/nginx:latest localhost:5000/robeeerto/
nginx:latest # 不換行
```

接著把它推進去本地執行起來的映像檔儲存庫內：

```
$ docker image push localhost:5000/robeeerto/nginx:latest
The push refers to repository [localhost:5000/robeeerto/nginx]
b539cf60d7bb: Pushed
bdc7a32279cc: Pushed
f91d0987b144: Pushed
3a89c8160a43: Pushed
e3257a399753: Pushed
92a4e8a3140f: Pushed
latest: digest: sha256:f26fbadb0acab4a21e25669d99ed1261 size: 1570
```

因為本地的映像檔儲存庫不像 DockerHub 有漂亮的使用者介面，可讓我們清楚看到自己推上去的映像檔，所以需要透過官方提供的 API 來確認是否有正確將映像檔送進去。

我們一樣可以透過 curl 這個工具做確認：

```
$ curl http://localhost:5000/v2/robeeerto/nginx/tags/list
{"name":"robeeerto/nginx","tags":["latest"]}
```

可以看到推送進去的「robeeerto/nginx:latest」確實已經存在本地的映像檔儲存庫之中，接著試試使用官方提供的 API 來刪除掉儲存庫內的映像檔，但發現刪除映像檔還需要映像檔本身的 digest，如圖 4-19 所示。

Deleting a Layer

A layer may be deleted from the registry via its `name` and `digest`. A delete may be issued with the following request format:

```
DELETE /v2/<name>/blobs/<digest>
```

If the blob exists and has been successfully deleted, the following response will be issued:

```
202 Accepted
Content-Length: None
```

If the blob had already been deleted or did not exist, a `404 Not Found` response will be issued instead.

If a layer is deleted which is referenced by a manifest in the registry, then the complete images will not be resolvable.

❖圖 4-19　刪除映像檔的 API

這時候需要找到另一個可以得到 digest 的 API，才能刪除掉這個映像檔，透過閱讀官方文件可以得知，下方這個 API 能夠得到映像檔的 manifest，如圖 4-20 所示。

Pulling an Image Manifest

The image manifest can be fetched with the following url:

```
GET /v2/<name>/manifests/<reference>
```

The `name` and `reference` parameter identify the image and are required. The reference may include a tag or digest.

The client should include an Accept header indicating which manifest content types it supports. For more details on the manifest formats and their content types, see manifest-v2-1.md and manifest-v2-2.md. In a successful response, the Content-Type header will indicate which manifest type is being returned.

❖圖 4-20　取得映像檔的 manifest

閱讀後發現，可以透過 HEAD 的方式取得這個映像檔的 digest 值。繼續使用 curl 這個工具來取得資料：

```
$ curl --head http://localhost:5000/v2/robeeerto/nginx/manifests/latest -H
'Accept: application/vnd.docker.distribution.manifest.v2+json'
# 不換行

HTTP/1.1 200 OK
Content-Length: 1570
Content-Type: application/vnd.docker.distribution.manifest.v2+json
Docker-Content-Digest: sha256:f26fbadb0acab4a21ecb4e337a326907e61fbec36c9a
9b52e725669d99ed1261
Docker-Distribution-Api-Version: registry/2.0
```

```
Etag: "sha256:f26fbadb0acab4a21ecb4e337a326907e61fbec36c9a9b52e725669d99
ed1261"
X-Content-Type-Options: nosniff
Date: Sun, 04 Sep 2022 10:26:59 GMT
```

最重要的資訊是以下這行：

```
Docker-Content-Digest: sha256:f26fbadb0acab4a21ecb4e337a326907e61fbec36c9a
9b52e725669d99ed1261
```

接著拿著得到的 digest 去請求刪除的 API：

```
$ curl -X DELETE http://localhost:5000/v2/robeeerto/nginx/manifests/sha256
:f26fbadb0acab4a21ecb4e337a326907e61fbec36c9a9b52e725669d99ed1261 # 不換行
# 沒有反應是正常的
```

再次透過 API 來確認目前映像檔儲存庫內的映像檔，可以看到原本擁有 latest 的標籤，現在變成了 null 了：

```
$ curl http://localhost:5000/v2/robeeerto/nginx/tags/list
{"name":"robeeerto/nginx","tags":null}
```

或許，這樣的方式會讓人覺得自己建立映像檔儲存庫很麻煩，但是在「第 8 章 部署 Web 應用程式」中，會搭配開源的映像檔儲存庫 UI 介面一起部署，就可以像操作 DokcerHub 的方式來管理自己的儲存庫。

4.9 Dockerfile 內容解析

終於進入撰寫 Dockerfile 的章節了，Dockerfile 就是拿來執行容器時的說明書，也是建置映像檔的步驟，我們使用「robeeerto/whoami」這個前面的章節中不斷使用的映像檔來做說明，詳細的檔案放在本書 GitHub 儲存庫中的「ch-04 的 build-image-example」，需要的讀者們可以自己去下載。

這個應用程式本身是使用 Ruby 程式語言編寫，就算完全不懂 Ruby 也沒關係，重點是 Dockerfile 上：

```
FROM ruby:3.1.2-alpine
ENV AUTHOR=robertchang

RUN apk add --update --no-cache \
    build-base \
    curl

WORKDIR /app

COPY . .

RUN gem install bundler:2.3.19 && \
    bundle install -j4 --retry 3 && \
    bundle clean --force && \
    find /usr/local/bundle -type f -name '*.c' -delete && \
    find /usr/local/bundle -type f -name '*.o' -delete && \
    rm -rf /usr/local/bundle/cache/*.gem

EXPOSE 3000

CMD ["bundle", "exec", "ruby", "whoami.rb", "-p", "3000", "-o", "0.0.0.0"]
```

我們會從最上面的指令開始一步一步地解說。

4.9.1 FROM 指令

每一個映像檔都必須以其他的映像檔作為基底，這裡因為執行的是 Ruby 所撰寫的應用程式，故選用「ruby:3.1.2-alpine」這個映像檔作為基底；反之，若你的應用程式是 PHP 所撰寫，則會選用「php:zts-alpin」；若是使用現在很紅的前端框架 React & Vue，則會使用「node:alpine3.16」。

至於標籤的選擇，則取決於你在開發這個應用程式時所需要的版本限制，這就是自己在撰寫時需要衡量的部分，並沒有一定的公式可以套用，但是使用FROM作為Dockerfile的起手式，是一件一定會做的事情。

4.9.2 ENV指令

ENV指令是用來設定執行成容器後的環境變數，以key=value的方式設定。以上方的例子來說，執行成容器後，作業系統中就存在一個$AUTHOR的環境變數，且值為robertchang。

也可以看到nginx官方Dockerfile中的環境變數，寫著「ENV NGINX_VERSION=1.23.1」，具備實驗精神的我們，當然要進入容器之中，並且呼叫這個環境變數，可以看到設置好的環境變數，會在映像檔執行成容器後存在檔案系統之中：

```
$ docker container run --interactive --tty nginx bash

root6032243d8e3:/# echo $NGINX_VERSION
1.23.1
root6032243d8e3:/#
```

4.9.3 RUN指令

RUN指令是終端機所執行的指令，以範例中的`apk add --update --no-cache build-base curl`為例，就是希望在接下來的容器環境中安裝build-base及curl這兩個工具，指令並不侷限在安裝工具，也可以是Linux系統常見的改變權限`chown`或是`add group`等。

只要是能夠被該作業系統所接受的指令，都可以寫在RUN裡面。能夠被作業系統所接受的意思是使用alpine作業系統時，就要使用apk套件管理工具；若是使用Ubuntu時，則會改用apt套件管理工具；舉一反三，用macOS時，則是使用brew這個工具。

為什麼 RUN 指令後面會有 \（反斜線）符號呢？

「4.5 映像檔快取的祕密」中，提過映像檔是由映像層一層一層堆疊出來的，每一個指令都代表了一個新的映像層，FROM 是一層，RUN 也是一層，但如果安裝 build-base 及 curl，如下所示分開執行的話：

```
RUN apk add --update --no-cache build-base
RUN apk add --update --no-cache curl
```

這會導致映像檔的映像層變多，畢竟從一個映像層轉為兩個映像層，而在軟體開發中，要的就是又小又快，這樣不必要的浪費是不被允許的。

為什麼 RUN 指令中間會有 && 符號呢？

&& 符號在程式語言的世界中很常見，代表的是若前面的指令執行結果沒有出錯，則接著執行後方的指令。而為什麼要用 && 來串接指令呢？其實就和反斜線符號的道理是一樣的，希望可以把指令濃縮到一個映像層之中，進而降低映像檔本身的層數。

4.9.4 WORKDIR 指令

WORKDIR 指令是建立一個資料夾，並且以這個資料夾作為預設的工作目錄。有人會問：這個和我直接執行 RUN mkdir app 有什麼不同的區別？

區別在於 RUN mkdir app 確實會建立一個 app 的資料夾，但預設的工作目錄還是在根目錄，但以 WORKDIR /app 來說，做的是兩件事，第一件事就是 `mkdir app` 建立 app 資料夾，並且 cd app 進入這個資料夾內，以 app 資料夾作為工作目錄，緊接著 Dockerfile 內排在 WORKDIR 後面的指令，都是在 /app 這個資料夾內執行。

4.9.5 COPY 指令

COPY 指令是從本機的檔案系統中複製資料到容器內的檔案系統，這裡的例子是「COPY . .」，點符號代表的是「此處」的意思，所以這整個指令翻譯成人話，就是**從Dockerfile身處的資料夾，複製所有的檔案到容器內部檔案系統的當前工作目錄**。

利用「. .」的方式，一開始確實很容易混淆，這裡舉一個簡單的例子，下方是假設的檔案目錄，只有Dockerfile及一個txt檔：

```
.
├── Dockerfile
├── example.txt
```

可以寫成：

```
COPY example.txt example.txt
# 左邊為本機的檔案名稱，右邊則為執行成容器後的檔案名稱
```

若是不希望它在容器內叫做「example.txt」，而是叫做「happy.txt」，我們也可以這樣寫：

```
COPY example.txt happy.txt
```

重要的是檔案的內容，而不是檔案的名稱。

4.9.6 EXPOSE指令

EXPOSE指令就是執行成容器後預設打開的port，也是為什麼我們在剛開始學習使用容器時，都不會去更動右邊的port的原因，這個數值已經在撰寫映像檔的階段，就做好了設定。

上網查看nginx的Dockerfile中，就有寫到「EXPOSE 80」，意味著這個映像檔執行成容器後，預設打開port 80，其他的都是關閉的狀態，所以就算想要強制對應到容器的其他port，也是沒辦法的事。

4.9.7 CMD 指令

CMD 指令是「2.2 一探究竟容器內部」中有提過的啟動指令，也就是在映像檔執行成為容器時所執行的第一個指令，這是關係到「容器是否進入退出狀態」的指令。

以本書的範例來說，使用了 ruby 這個動詞來執行應用程式；反之，若是應用程式是用 node.js 撰寫的，就會用 node 作為動詞來執行應用程式，若是使用 golang 撰寫的，則會用 go run 當作動詞。

當然，CMD 這個指令並沒有強迫一定要執行某個應用程式，它也可以是一段 Linux 的指令，例如：ls、pwd 等，端看你這個 Dockerfile 所要執行的目的及功能是什麼。

4.10 建置映像檔

上一小節介紹完了映像檔基礎的指令，這裡就要來建置人生的第一個映像檔。

在本書的 GitHub 儲存庫中，進入「ch-04 的 build-image-example」，就會找到這次範例的所有檔案。我們進入到檔案裡面：

```
$ cd docker-whoami
# 這裡給讀者一個清晰的目錄架構
.
├── Dockerfile
├── Gemfile
├── Gemfile.lock
├── LICENSE
├── README.md
├── whoami.rb
```

確保自己在這個資料夾中，之後輸入`docker image build --tag whoami .`指令：

```
$ docker image build --tag whoami .
[+] Building 37.1s (11/11) FINISHED
 => [internal] load build definition from Dockerfile                    0.0s
 => => transferring dockerfile: 529B                                    0.0s
 => [internal] load .dockerignore                                       0.0s
 => => transferring context: 2B                                         0.0s
 => [internal] load metadata for docker.io/library/ruby:3.1.2-alpine    4.0s
 => [auth] library/ruby:pull token for registry-1.docker.io             0.0s
 => [1/5] FROM docker.io/library/ruby:3.1.2-alpine@sha256:499a31......4.7s
 => => resolve docker.io/library/ruby:3.1.2-alpine@sha256:499a31......0.0s
 => => sha256:e543eab4b71b99007ce154c6843c43bab8818efc18d0... 172B / 172B 0.3s
 => => sha256:499a310e8fab835ad47ab6251302aba1f5a5d0ded... 1.65kB / 1.65kB 0.0s
 => => sha256:7dcfcfa70588c4b81a6c81f47fcf6f58d486ae11f... 1.36kB / 1.36kB 0.0s
 => => sha256:6c65fdec191f877ffca756613f1e8acafb9f7258f... 6.10kB / 6.10kB 0.0s
 => => sha256:05c438b754fcec3ffc269d59394b0fa7cd82b09a.. 29.16MB / 29.16MB 0.0s
 => => extracting sha256:05c438b754fcec3ffc269d59394b0fa7cd82b09...... 3.2s
 => => extracting sha256:e543eab4b71b99007ce154c6843c43bab8818ef...... 1.2s
 => [internal] load build context                                       0.0s
 => => transferring context: 1.99kB                                     0.0s
 => [2/5] RUN apk add --update --no-cache     build-base     curl    10.6s
 => [3/5] WORKDIR /app                                                  0.1s
 => [4/5] COPY . .                                                      0.1s
 => [5/5] RUN gem install bundler:2.3.19 && bundle install...          15.5s
 => exporting to image                                                  1.9s
 => => exporting layers                                                 1.8s
 => => writing image sha256:7925639f0e50aa0da9d23674fb2bfb08970....    0.0s
 => => naming to docker.io/library/whoami                               0.0s
```

這樣就建置成功了人生的第一個映像檔，至於如何測試這個映像檔到底可不可以使用，拿出你們學習過啟動容器的方法來執行這個映像檔，這邊就不再多做示範了。

4.10.1 建置映像檔的每個階段

單靠 docker image build 指令還是不夠，我們需要瞭解在建置映像檔的過程中「發生了什麼事」以及「該注意什麼」才是重點。

從一開始的指令來看：

```
$ docker image build --tag whoami .
```

--tag 的作用就是給予要建置的映像檔標籤名稱，而最後面有一個非常重要的「.」（半形句號），是常常有人忽略而導致沒辦法建置映像檔的關鍵，這個「.」（半形句號）代表的是「這裡」的意思，也就是 Docker 預設會在現在的目錄中尋找 Dockerfile，並以其為主建置映像檔。

如果根據 staging、production 分別有好幾種不同的 Dockerfile，該怎麼做呢？Docker 提供了 --file 指令給你使用，例如：想要建置的是 production 的映像檔，則可以輸入如下指令：

```
$ docker image build --tag whoami:production --file Dockerfile.production .
# 不換行
```

要記得，最後那個「.」（半形句號）還是要加上去，要讓 Docker 知道自己現在處於哪個路徑；當然，也不侷限於「.」（半形句號）的使用，可以指定 Dockerfile 存在的路徑，例如：「./docker/」的相對路徑，總之不要讓 Docker 迷路，它會不知道自己在哪。

根據整個建置映像檔的紀錄來看，第一個階段是從 FROM 指令開始，因為本地端沒有「ruby:3.1.2-alpine」這個映像檔，就從 DockerHub 上面抓取了官方的映像檔作為基底。

至於 Dockerfile 中的第二個動作，應該是 ENV 為首的指令，但為什麼沒有出現在建置過程中的紀錄中呢？這是因為 ENV 為首的指令雖然製造出一層映像層（空的，0KB），但由於其本身的指令並不會對檔案系統有更動，故沒有出現在建置過程的紀錄上。

> **說明** Dockerfile中的每一次指令都會製造一個新的映像層，至於會不會出現在建置的紀錄中，端看這個指令對於檔案系統是否有更動，例如：安裝套件、新增資料夾等動作，都會出現在建置的紀錄中；反之，如EXPOSE、ENV指令就沒有出現在建置的紀錄中，因為其並沒有對檔案系統有任何的更動。

利用之前介紹過的`docker image history`指令，可以看到映像檔的所有映像層，透過`docker image inspect`指令，則可以看到映像檔的檔案系統層，有興趣的讀者可以自己去研究一下。

而後續的第二至五階段，都是按照Dockerfile的說明執行動作，所以我才會說**映像檔就是執行容器的說明書**，只要寫好正確的步驟，就能夠保證應用程式順利地執行，你是否開始感覺到Docker的魅力了呢？

4.10.2 建置時的快取機制

前面提過「快取機制」了，Docker為了提升建置的速度和儲存空間的優化，在每一個映像層都分別都賦予了以SHA算出來獨一無二的ID，以便Docker來辨識是否有相同的映像層，若是你有這樣的想法，那代表前面寫的內容都沒有白費。

沒錯！ Docker在建置映像檔的快取機制就是這樣，如果檔案系統有更動的話，會如何呢？讓我們來做個實驗，這裡再建置一次一模一樣的映像檔：

```
$ docker image build --tag whoami .
[+] Building 0.6s (10/10) FINISHED
 => [internal] load build definition from Dockerfile                        0.1s
 => => transferring dockerfile: 37B                                          0.0s
 => [internal] load .dockerignore                                            0.0s
 => => transferring context: 2B                                              0.0s
 => [internal] load metadata for docker.io/library/ruby:3.1.2-alpine        0.0s
 => [1/5] FROM docker.io/library/ruby:3.1.2-alpine@sha256:499a31......0.3s
 => [internal] load build context                                            0.0s
 => => transferring context: 1.99kB                                          0.0s
 => CACHED [2/5] RUN apk add --update --no-cache build-base curl            0.0s
```

```
=> CACHED [3/5] WORKDIR /app                                          0.0s
=> CACHED [4/5] COPY . .                                              0.0s
=> CACHED [5/5] RUN gem install bundler:2.3.19 && bundle install...   0.0s
=> exporting to image                                                 0.0s
=> => exporting layers                                                0.0s
=> => writing image sha256:7925639f0e50aa0da9d23674fb2bfb08970....    0.0s
=> => naming to docker.io/library/whoami
```

可看到藉由 Docker 優異的快取機制，現在整個建置的過程只剩下 0.6 秒，大約節省了 50 倍的時間。

接著請你打開編輯器，將 Dockerfile 中的環境變數 AUTHOR 改成你的英文名字，並且重新再建置一次映像檔：

```
# Dockerfile
FROM ruby:3.1.2-alpine
ENV AUTHOR=換成你的英文名字

RUN apk add --update --no-cache \
    build-base \
    curl

WORKDIR /app

COPY . .

RUN gem install bundler:2.3.19 && \
    bundle install -j4 --retry 3 && \
    bundle clean --force && \
    find /usr/local/bundle -type f -name '*.c' -delete && \
    find /usr/local/bundle -type f -name '*.o' -delete && \
    rm -rf /usr/local/bundle/cache/*.gem

EXPOSE 3000

CMD ["bundle", "exec", "ruby", "whoami.rb", "-p", "3000", "-o", "0.0.0.0"]
```

重新建置一次：

```
$ docker image build --tag whoami .
[+] Building 39.9s (11/11) FINISHED
 => [internal] load build definition from Dockerfile                        0.0s
 => => transferring dockerfile: 529B                                        0.0s
 => [internal] load .dockerignore                                           0.0s
 => => transferring context: 2B                                             0.0s
 => [internal] load metadata for docker.io/library/ruby:3.1.2-alpine        2.6s
 => [auth] library/ruby:pull token for registry-1.docker.io                 0.0s
 => [internal] load build context                                           0.0s
 => => transferring context: 2.48kB                                         0.0s
 => CACHED [1/5] FROM docker.io/library/ruby:3.1.2-alpine@sha256:499a31.. 0.0s
 => [2/5] RUN apk add --update --no-cache     build-base     curl     11.8s
 => [3/5] WORKDIR /app                                                      0.2s
 => [4/5] COPY . .                                                          0.2s
 => [5/5] RUN gem install bundler:2.3.19 && bundle install...             20.0s
 => exporting to image                                                      5.0s
 => => exporting layers                                                     4.9s
 => => writing image sha256:e496a661edc22d1f59e4401650ec702abee....        0.0s
 => => naming to docker.io/library/whoami                                   0.0s
```

天啊！快取機制下的0.6秒怎麼變成快40秒了，發生什麼事呢？唯一快取到的也只有FROM一層映像層，這是因為改動映像層（我們把原先的AUTHOR這個變數換成你的英文名字），進而造成SHA算出來的ID有異，使得映像檔找不到匹配的映像層，而是重新建置新的映像層。

你可能會想，就重新建置ENV那層映像層就好啦，其他的映像層都沒有改動，檔案也沒有變化，為什麼還要多花那麼多的時間重新建置呢？其實，在Docker建置映像層中還有一個有趣的機制，若是上層的映像層重新建置，則其以下的所有映像層都將重新建置。在這個案例中，我們更動了ENV這個指令的映像層，其下的RUN、WORKDIR、EXPOSE等指令都將重新建置，也是導致建置時間大幅提升的主因。

白話來說，Docker也不願意花那麼多時間去幫你比對每一層的映像層，只要有一層算出來的ID找不到匹配的映像層，那之後每一層都重新建置，也不管其他的映像層是不是已經有一模一樣的存在，這樣的機制就讓 Dockerfile 的撰寫順序變得十分重要，在下一個小節中，我們將會重新整理 Dockerfile 的執行順序。

4.11 重新整理 Dockerfile 的執行順序

為了讓重新建置的副作用降到最低，我們需要調整 Dockerfile 的指令順序，**指令執行的順序並不會影響到容器的啟動**，所以不用擔心，但還是有些小地方需要注意。

4.11.1 調整 Dockerfile 的指令順序

唯一一個不會更動的就是 FROM 這個指令，之前的章節也有提過，所有的映像檔都是透過另一個映像檔作為基底，所以 FROM 絕對是要擺在最上面的。而在思考如何調整指令順序時，要知道變動機率越低的指令，應該要放在越上面，才可以讓重新建置的副作用降到最低。

首先，變動機率最低的就是 CMD 及 EXPOSE 這兩個指令，啟動應用程式的啟動指令基本上都會相同，即便更換了版本，或是檔案做了什麼異動，啟動的方式都還是大同小異。而 EXPOSE 則是在設定好後就很少會進行變動。舉例來說，nginx 也不會突然變成開 678 port，而自己建置的應用程式也應該會有固定啟動的 port 才對。

現在 Dockerfile 變成這樣：

```
# Dockerfile
FROM ruby:3.1.2-alpine
ENV AUTHOR=robertchang <- 看異動情況取捨

EXPOSE 3000 <- 移動到上面
```

```
CMD ["bundle", "exec", "ruby", "whoami.rb", "-p", "3000", "-o", "0.0.0.0"]
<- 移動到上面

RUN apk add --update --no-cache \
    build-base \
    curl

WORKDIR /app

COPY . .

RUN gem install bundler:2.3.19 && \
    bundle install -j4 --retry 3 && \
    bundle clean --force && \
    find /usr/local/bundle -type f -name '*.c' -delete && \
    find /usr/local/bundle -type f -name '*.o' -delete && \
    rm -rf /usr/local/bundle/cache/*.gem
```

至於ENV的異動頻率，則要視自己手邊的專案而定，或是可以透過在容器啟動時傳入（傳入環境變數，在啟動postgres這個容器時，就有使用過了），總之環境變數有許多種放入容器的方式，怎麼取捨完全是看個人喜好。

關於「RUN apk ..」和「WORKDIR」這兩個之間的取捨，肯定是WORKDIR會放在比較上面的位置，畢竟我們有可能會需要新的套件，所以「RUN apk ..」這件事情的異動頻率就會比WORKDIR來得高，經過一番調整後，Dockerfile會變成下方這樣：

```
# Dockerfile
FROM ruby:3.1.2-alpine
ENV AUTHOR=robertchang <- 看異動情況取捨

EXPOSE 3000 <- 移動到上面

CMD ["bundle", "exec", "ruby", "whoami.rb", "-p", "3000", "-o", "0.0.0.0"]
<- 移動到上面
```

```
WORKDIR /app <- 移動到上面

RUN apk add --update --no-cache \
    build-base \
    curl

COPY . .

RUN gem install bundler:2.3.19 && \
    bundle install -j4 --retry 3 && \
    bundle clean --force && \
    find /usr/local/bundle -type f -name '*.c' -delete && \
    find /usr/local/bundle -type f -name '*.o' -delete && \
    rm -rf /usr/local/bundle/cache/*.gem
```

接著是「RUN apk ...」和「COPY」之間的取捨，常理來說，COPY 的異動頻率會比安裝套件來得高，畢竟在開發的情況下，檔案會一直有變動，導致雖然指令本身都是「COPY . .」，但編輯過的檔案會導致算出來的 SHA ID 完全不同，進而觸發重新建置的副作用。

最後是「RUN gem install ...」，對於不熟悉 Ruby 的朋友們，稍微解釋一下，gem 是 Ruby 圈中的套件管理工具，會根據 Gemfile 這個檔案所描述的套件進行安裝；可以想像成 JavaScript 圈中，yarn 及 npm 這類工具根據 package.json 進行安裝，是一樣的道理，亦或是 Rust 圈中的 Cargo 等。

暫且不論這個指令的詳細內容，這不在我們的討論範圍，但我們很清楚它是一個安裝套件的指令，所以可以想成和「RUN apk ...」是一樣的概念，進而想要把它往上移動，這時就會發生錯誤。讓我們以身試誤，看看錯誤訊息是什麼：

```
# Dockerfile
FROM ruby:3.1.2-alpine
ENV AUTHOR=robertchang <- 看異動情況取捨

EXPOSE 3000 <- 移動到上面

CMD ["bundle", "exec", "ruby", "whoami.rb", "-p", "3000", "-o", "0.0.0.0"]
```

```
<- 移動到上面

WORKDIR /app <- 移動到上面

RUN apk add --update --no-cache \
    build-base \
    curl

RUN gem install bundler:2.3.19 && \ <- 移動到上面
    bundle install -j4 --retry 3 && \
    bundle clean --force && \
    find /usr/local/bundle -type f -name '*.c' -delete && \
    find /usr/local/bundle -type f -name '*.o' -delete && \
    rm -rf /usr/local/bundle/cache/*.gem

COPY . .
```

存檔後進行建置的動作，並看看錯誤是什麼：

```
$ docker image build --tag whoami .
[+] Building 39.9s (11/11) FINISHED
 => [internal] load build definition from Dockerfile                        0.1s
 => => transferring dockerfile: 529B                                        0.0s
 => [internal] load .dockerignore                                           0.1s
 => => transferring context: 2B                                             0.0s
 => [internal] load metadata for docker.io/library/ruby:3.1.2-alpine  2.9s
 => [auth] library/ruby:pull token for registry-1.docker.io                 0.1s
 => [internal] load build context                                           0.0s
 => => transferring context: 2.48kB                                         0.0s
 => CACHED [1/5] FROM docker.io/library/ruby:3.1.2-alpine@sha256:499a31.. 0.0s
 => [2/5] WORKDIR /app                                                      0.1s
 => [3/5] RUN apk add --update --no-cache build-base curl                  19.5s
 => ERROR [4/5] RUN gem install bundler:2.3.19 && bundle install...         2.9s
------
 > [4/5] RUN gem install bundler:2.3......
#8 2.526 Successfully installed bundler-2.3.19
#8 2.526 1 gem installed
#8 2.838 Could not locate Gemfile
```

```
------
executor failed running [/bin/sh -c gem install bundler:2.3.19 && bundle....
```

在安裝套件的時候出錯了，可以看到錯誤訊息是「Could not locate Gemfile」，也就是它找不到可以去參照的檔案來安裝套件。

而錯誤的原因非常簡單，之前有提過映像層是一層接著一層堆疊起來的，下層會具備上層所擁有的檔案系統及安裝過的套件，而在「RUN gem install ...」的當下，還沒有把本機的檔案 COPY 到建置的過程中，進而導致執行「RUN gem install ...」的當下，根本找不到參照的檔案（Gemfile）。

在本章的一開始，我有提到**指令執行的順序不會影響到容器的啟動**，指的是我們把 CMD 及 EXPOSE 等指令往前放，並不會導致容器啟動時出現問題，但是把「COPY . .」放到最後所產生的錯誤，並不是 Docker 本身所導致，而是使用機制上沒有搞清楚建置的執行順序所致，所以最終這個 Dockerfile 能夠訂正到影響最小的版本，如下所示：

```
# Dockerfile
FROM ruby:3.1.2-alpine
ENV AUTHOR=robertchang <- 看異動情況取捨

EXPOSE 3000 <- 移動到上面

CMD ["bundle", "exec", "ruby", "whoami.rb", "-p", "3000", "-o", "0.0.0.0"]
<- 移動到上面

WORKDIR /app <- 移動到上面

RUN apk add --update --no-cache \
    build-base \
    curl

COPY . .

RUN gem install bundler:2.3.19 && \
    bundle install -j4 --retry 3 && \
```

```
bundle clean --force && \
find /usr/local/bundle -type f -name '*.c' -delete && \
find /usr/local/bundle -type f -name '*.o' -delete && \
rm -rf /usr/local/bundle/cache/*.gem
```

在這個情形下，就只有更動本機會被 COPY 的檔案，才會觸發重新建置的副作用，已經算是把副作用的影響範圍降到最低了。

4.11.2 建置映像檔及執行容器演練

1. 進入本書 GitHub 儲存庫中「ch-04 的 build-image-practice」，可以看到所有檔案，並以編輯器打開。
2. 手動建立一個 Dockerfile 的檔案。
3. 使用 node:16-alpine 作為基礎映像檔。
4. 在 alpine 的作業系統下安裝 libc6-compat 這個套件。
5. 複製所有檔案至映像檔的檔案系統內。
6. 使用 `yarn install` 指令安裝相關套件。
7. 打開 port 3000。
8. 加入 `yarn dev --publish 3000` 的初始指令。
9. 使用 `docker image build` 指令建置映像檔。
10. 使用 `docker container run` 指令確定映像檔的可執行性。
11. 輸入網址「http://localhost:3000」，當看到「恭喜你成功打包成映像檔，並執行成容器！」字樣，則表示成功。
12. 重新替映像檔貼上可以上傳到 DockerHub 的標籤，並上傳至自己的 DockerHub。
13. 刪掉本地端的映像檔，使用 `docker container run` 的方式，從 DockerHub 取用自製的映像檔，並執行成容器。

這個演練將會透過前幾個小節所學習到建置映像檔的技術，自己手寫一份 Dockerfile 並且建置它，再把它執行成容器，最後推送到自己的 DockerHub。

4.12 多階段建置映像檔

若是有實際做過「4.11.2 建置映像檔及執行容器演練」後，想必對於建置一個映像檔更有把握了，但這對於建立一個優質的映像檔只是跨出一小步而已，若是用 `docker image list` 指令觀看「4.11.2 建置映像檔及執行容器演練」的映像檔大小，足足有 1.08GB，對於映像檔沒什麼概念的人，可能會想說現在的硬碟又不值錢，1.08GB 就送它吧。

其實在 Docker 的世界裡，1.08GB 的映像檔可以說是大得嚇死人，就連執行一個有 postgreSQL 的映像檔都只有 376MB，如此可以想像這個只有一行字的 next.js 簡直大到不可思議。

有一種方式可以幫助映像檔瘦身，就是使用「多階段建置」的方式，整個多階段建置的精髓都是在 COPY --from 這段指令，之前的章節使用 COPY 都是從本機複製檔案到映像檔的檔案系統中，而 COPY --from 則可以讓我們從另一個映像檔複製檔案到現階段的映像檔。

我知道這樣聽下來還是霧煞煞，我們直接來看 Dockerfile 範例：

```
FROM alpine:3.16.2 AS builder # 建置階段
RUN echo 'Builder' > /example.txt # 建置階段

FROM alpine:3.16.2 AS tester # 測試階段
COPY --from=builder /example.txt /example.txt # 測試階段
RUN echo 'Tester' >> /example.txt # 測試階段
```

```
FROM alpine:3.16.2 # 最終階段
COPY --from=tester /example.txt /example.txt # 最終階段 CMD [ "cat",
"/example.txt" ] # 最終階段
```

這邊將整個 Dockerfile 分成三個階段，這裡有一個簡單的概念，只要是用 FROM 作為開頭，就可以說是一個新的階段，而在第一個 FROM 到第二個 FROM 之間的指令結果，都會停留在第一個階段中。

建置階段

首先利用了「alpine:3.16.2」映像檔作為基礎，並且簡單執行了一個 RUN 指令，作用是把 Builder 這段文字寫入「example.txt」檔案，就結束任務了。

測試階段

這裡 Dockerfile 讀到了第二個 FROM，所以就當作一個新的開始，而我們一樣使用「alpine:3.16.2」映像檔作為基礎，但不同的是，我們使用了「COPY --from=builder /example.txt /example.txt 」這段指令。

對於 Docker 來說，要從 builder 階段複製一份 example.txt 到現在這個階段內，並命名為「example.txt」，此時 Docker 會去找 builder 階段，但其實我們已經把第一階段命名好了，可以看到第一個 FROM 的後面，我們用了 AS 這個語法，並將第一個階段命名為「builder」。接著再把 Tester 這段文字也寫入 example.txt 檔案中，再來就遇到第三個 FROM，並結束了第二個階段。

最終階段

來到最後一個階段，我們使用了「COPY --from=tester /example.txt /example.txt」，把 tester 這個階段的 example.txt 複製過來最終階段，並且命名為「example.txt」；做的事情其實和第二階段一樣，只是最後使用了 CMD，並且去讀取 example.txt 這個檔案的內容。

讓我們先建置這個映像檔：

```
$ docker image build --tag example .
[+] Building 5.7s (10/10) FINISHED
 => [internal] load build definition from Dockerfile                    0.2s
 => => transferring dockerfile: 313B                                    0.0s
 => [internal] load .dockerignore                                       0.0s
 => => transferring context: 2B                                         0.0s
 => [internal] load metadata for docker.io/library/alpine:3.16.2        3.8s
 => [auth] library/ruby:pull token for registry-1.docker.io             0.0s
 => [builder 1/2] FROM docker.io/library/alpine:3.16.2@sha256:bc...     0.0s
 => => resolve docker.io/library/alpine:3.16.2@sha.....                 0.0s
 => => sha256:bc41182d7ef5ffc53a40b044e72519....                        0.0s
 => => sha256:1304f174557314a7ed9eddb4eab1.....                         0.0s
 => => sha256:9c6f0724472873bb50a2ae67a9e7.....                         0.0s
 => [builder 2/2] RUN echo 'Builder' > /example.txt                     0.7s
 => [tester 2/3] COPY --from=builder /example.txt /example.txt          0.1s
 => [tester 3/3] RUN echo 'Tester' >> /example.txt                      0.4s
 => [stage-2 2/2] COPY --from=tester /example.txt /example.txt          0.1s
 => exporting to image                                                  0.0s
 => => exporting layers                                                 0.0s
 => => writing image sha256:d7b4e571b321c9f72696e3f620b64a2859....      0.0s
 => => naming to docker.io/library/example                              0.0s
```

接著利用我們學習到現在的 Docker 基本知識，猜猜看我們把這個映像檔執行成容器，會發生什麼事呢？以下公布答案：

```
$ docker container run example
Builder
Tester
```

跟你想得一樣嗎？藉由複製前兩個階段的檔案一直傳遞到最後一個階段，並且讀取檔案中的內容，確實都還保留著前兩個階段所寫入的文字。

這代表什麼呢？代表著我們能夠在前面的階段中，將要安裝的套件以及安裝套件所需的編譯工具準備好，並且安裝完應用程式所需的套件，只把安裝好的套件複製到第二個階段，這將會把第一個階段編譯所需要的工具都丟棄，也大幅度減少了映像檔的大小。

接著我們將分別使用編譯式的程式語言 Golang 以及直譯式的程式語言 JavaScript 做示範，來看看多階段建置到底有多少的差異。

4.13 Golang 應用程式的多階段建置

這裡的範例放在本書 GitHub 儲存庫中「ch-04 的 golang-multi-stage-example」。我們進入到資料夾內，並且建置映像檔：

```
$ docker image build --tag golang-example .
[+] Building 2.8s (11/11) FINISHED
 => [internal] load build definition from Dockerfile                       0.1s
 => => transferring dockerfile: 233B                                       0.0s
 => [internal] load .dockerignore                                          0.1s
 => => transferring context: 2B                                            0.0s
 => [internal] load metadata for docker.io/library/golang:alpine3.16       0.0s
 => [auth] library/ruby:pull token for registry-1.docker.io                2.5s
 => [1/5] FROM docker.io/library/golang:alpine3.16@sha256:d475ce...        0.0s
 => [internal] load build context                                          0.1s
 => => transferring context: 290B                                          0.1s
 => CACHED [2/5] WORKDIR /app                                              0.0s
 => CACHED [3/5] RUN export GO111MODULE=on && go mod init example.com/m/v2 0.0s
 => CACHED [4/5] COPY main.go ./                                           0.0s
 => CACHED [5/5] RUN go build -o ./server                                  0.0s
 => exporting to image                                                     0.0s
 => => exporting layers                                                    0.0s
 => => writing image sha256:db9d62ed38ad68d1bb8f555e376cf9290cd062315.... 0.0s
 => => naming to docker.io/library/golang-example                          0.0s
```

將建置完的映像檔執行成容器，先確認這個映像檔是可以使用的：

```
$ docker container run --publish 8000:8000 --detach golang-example
b7f10fba5e0f4f3d670134c44007c0e69795cc2547a9...
```

打開瀏覽器並輸入「http://localhost:8000」，會看到「Hello，這是一個用 Golang 建置的 WebServer」字樣。確定可以使用之後，我們來看一下這個映像檔的大小：

```
$ docker image list --filter=reference='golang-example'
REPOSITORY        TAG       IMAGE ID       CREATED            SIZE
golang-example    latest    db9d62ed38ad   18 minutes ago     359MB
```

目前是 359MB，我們的最終目標可以讓映像檔剩下約 15MB 左右，這樣傳輸的速度就會超級快，且能達到的目的是一樣的，讓我們著手來修改這個 Dockerfile：

```
FROM golang:alpine3.16

CMD ["/app/server"]

EXPOSE 8000

WORKDIR /app

RUN export GO111MODULE=on && \
    go mod init example.com/m/v2

COPY main.go ./

RUN go build -o ./server
```

首先要寫好 Dockerfile 的多階段建置，對於該程式語言的應用程式就需要有基礎的瞭解。以編譯式的程式語言來說，需要先把應用程式編譯好，接著只需要執行這個編譯完的檔案，就能夠啟動服務。所以，預想中的流程是編譯出這個 Golang 的應用程式，並且只把它帶到下一個階段，然後執行它，這樣就能大幅減少映像檔的容量。

把第一階段寫出來，先進入一個叫做「app」的檔案目錄，並且執行 Golang 會使用到的指令，之後複製主要的檔案 main.go 進到映像檔中，然後編譯它：

```
FROM golang:alpine3.16 AS builder
```

```
WORKDIR /app

RUN export GO111MODULE=on && \
    go mod init example.com/m/v2

COPY main.go ./

RUN go build -o ./server
```

這裡我們就完成了第一階段，然後我們需要複製第一階段編譯完叫做「server」的檔案到第二階段，並且執行它：

```
FROM golang:alpine3.16 AS builder

WORKDIR /app

RUN export GO111MODULE=on && \
    go mod init example.com/m/v2

COPY main.go ./

RUN go build -o ./server

-----階段分界示意線----- # 不要寫進 Dockerfile
FROM alpine:latest

WORKDIR /app

CMD ["/app/server"]

EXPOSE 8000

COPY --from=builder /app/server /app/server <- 複製第一階段的檔案到最終階段
```

我們再重新建置一次映像檔，並且貼上不同的標籤，以便可以做比較：

```
$ docker image build --tag golang-min-example .
[+] Building 4.7s (15/15) FINISHED
```

```
=> [internal] load build definition from Dockerfile                       0.1s
=> => transferring dockerfile: 37B                                         0.0s
=> [internal] load .dockerignore                                           0.1s
=> => transferring context: 2B                                             0.0s
=> [internal] load metadata for docker.io/library/golang:alpine3.16       4.4s
=> [internal] load metadata for docker.io/library/alpine:latest           0.0s
=> [auth] library/ruby:pull token for registry-1.docker.io                 0.0s
=> [builder 1/5] FROM docker.io/library/golang:alpine3.16@sha25...         0.0s
=> [stage-1 1/3] FROM docker.io/library/alpine:latest                      0.0s
=> [internal] load build context                                           0.0s
=> => transferring context: 29B                                            0.0s
=> CACHED [stage-1 2/3] WORKDIR /app                                       0.0s
=> CACHED [builder 2/5] WORKDIR /app                                       0.0s
=> CACHED [builder 3/5] RUN export GO111MODULE=on && go mod....            0.0s
=> CACHED [builder 4/5] COPY main.go ./                                    0.0s
=> CACHED [builder 5/5] RUN go build -o ./server                           0.0s
=> CACHED [stage-1 3/3] COPY --from=builder /app/server /app/server        0.0s
=> exporting to image                                                      0.0s
=> => exporting layers                                                     0.0s
=> => writing image sha256:30e6f003267f9c910fbd2f3e0f88e93fe61595...... 0.0s
=> => naming to docker.io/library/golang-example                           0.0s
```

接著一樣將其執行成容器，看看是不是多階段建置也能夠達到相同的效果：

```
$ docker container rm --force $(docker container ls --all --quiet)
# 先清掉所有容器，避免 port 衝突

$ docker container run --publish 8000:8000 --detach golang-min-example # 不換行
c638511e9dd3f9af5eb195a948bd76caa3...
```

一樣打開瀏覽器並輸入「http://localhost:8000」，就會看到和上次啟動容器時一模一樣的畫面，證明多階段建置的映像檔也可以達到一樣的目的。

然後是揭曉映像檔容器大小的時刻了，讓我們來看一下到底差了多少：

```
$ docker image list --filter=reference='golang-*'
REPOSITORY           TAG      IMAGE ID      CREATED          SIZE
golang-min-example   latest   30e6f003267   49 minutes ago   12MB
golang-example       latest   db9d62ed38a   30 minutes ago   359MB
```

足足差了347MB，但做的事情是一模一樣的，這就是有沒有使用多階段建置的差別，別小看這347MB，現在所流行的微服務就是透過多個不同的映像檔組成一個完整的應用程式，若是每一個都有350MB的大小，那累積起來的容量差距將更明顯。而且，把不需要的編譯工具丟掉，一方面也提升了應用程式的安全性，當一個應用程式的執行環境越乾淨的時候，可以攻擊的漏洞就會大幅減少。

但這麼巨大的容量差距只會發生在編譯式的程式語言的應用程式上，畢竟其可以只透過編譯後的檔案來執行應用程式，而直譯式的程式語言就沒有辦法減少那麼多的容量，但還是有不少的空間可以縮小，就讓我們接著繼續看看下一個示範吧！

4.14 Express.js 應用程式的多階段建置

這次挑選了一個熱門的後端框架來作為多階段建置的練習對象，不繼續選用前端框架（如Next.js以及Nust.js）的原因，是因為這些前端框架的多階段建置會根據不同框架有不同的寫法，這裡主要還是先練習直譯式的程式語言在多階段建置時的概念比較重要。

這次的練習範例，我也會放在本書的GitHub儲存庫中「ch-04的express-js-multi-stage」。我們進入到資料夾內，並且建置映像檔：

```
$ docker image build --tag express-example .
[+] Building 7.2s (10/10) FINISHED
 => [internal] load build definition from Dockerfile                    0.1s
 => => transferring dockerfile: 144B                                    0.0s
 => [internal] load .dockerignore                                       0.1s
```

```
=> => transferring context: 2B                                    0.0s
=> [internal] load metadata for docker.io/library/node:16-alpine  0.0s
=> [auth] library/node:pull token for registry-1.docker.io        2.5s
=> [1/4] FROM docker.io/library/node:16-alpine@sha256:2c405.......  0.0s
=> [internal] load build context                                  0.1s
=> => transferring context: 59.16B                                0.1s
=> CACHED [2/4] WORKDIR /app                                      0.0s
=> [3/4] COPY . /app/                                             0.0s
=> [4/4] RUN yarn install                                         0.0s
=> exporting to image                                             0.0s
=> => exporting layers                                            0.0s
=> => writing image sha256:f01f0812beeb370ddc5dee3d9290cd062315....  0.0s
=> => naming to docker.io/library/express-example                 0.0s
```

將建置完的映像檔執行成容器，先確認這個映像檔是可以使用的：

```
$ docker container run --publish 3000:3000 --detach express-example # 不換行
3a31d044b4b257634b1499d7d75864022774a46e...
```

接著打開瀏覽器並輸入「http://localhost:3000」，會看到「Hello，這是一個用 Express.js 建置的 WebServer」字樣。確定可以使用之後，來看看多階段建置前映像檔的大小：

```
$ docker image list --filter=reference='express-example'
REPOSITORY        TAG       IMAGE ID       CREATED         SIZE
express-example   latest    f01f0812beeb   5 minutes ago   120MB
```

打開資料夾內的 Dockerfile，並且開始嘗試將目前的寫法轉成多階段建置。如同前面所提過的，要寫好 Dockerfile 還是得對於使用的程式語言有基本的理解，在 JavaScript 的世界內，有 npm 及 yarn 兩種套件管理工具，而最主要的運作模式就是透過套件管理工具安裝好需要的套件，並且引入作為使用，但也因為不需要編譯的關係，在撰寫上會簡單很多。

所以開始前的思考方向應該是先在第一個階段把需要的套件安裝完，並且把安裝完的套件放置到第二個階段，就能夠減少執行時不需要的工具。先把第一階段寫出來，需要進入一個叫做「app」的檔案目錄，並且將記錄著使用套件的 package.json 及 yarn.lock 兩個檔案複製到映像檔中，然後透過 `yarn install` 指令來安裝需要的套件：

```
FROM node:16-alpine AS builder

COPY package.json yarn.lock ./

RUN yarn install
```

這裡就完成了第一階段，接著需要複製第一階段安裝完全部的套件包 node_moduels 到第二階段：

```
FROM node:16-alpine AS builder

COPY package.json yarn.lock ./

RUN yarn install

----- 階段分界示意線 ----- # 不要寫進 Dockerfile
FROM node:16-alpine

EXPOSE 3000

CMD ["node", "app.js"]

WORKDIR /app

COPY --from=builder /node_modules /app/node_modules

COPY app.js ./ <-- 只複製了主要的檔案
```

可以看到第二階段，只複製了 app.js 這個主要檔案到映像檔內，其他對於執行程式不需要的檔案都不會被複製進來：

```
$ docker image build --tag express-min-example .
[+] Building 8.0s (11/11) FINISHED
 => [internal] load build definition from Dockerfile                         0.5s
 => => transferring dockerfile: 37B                                          0.1s
 => [internal] load .dockerignore                                            0.1s
 => => transferring context: 2B                                              0.0s
 => [internal] load metadata for docker.io/library/node:16-alpine            1.1s
 => [internal] load build context                                            0.2s
 => => transferring context: 90B                                             0.1s
 => CACHED [builder 1/3] FROM docker.io/library/node:16-alpine@s...          0.0s
 => CACHED [stage-1 2/4] WORKDIR /app                                        0.0s
 => [builder 2/3] COPY package.json yarn.lock ./                             0.1s
 => [builder 3/3] RUN yarn install                                           4.9s
 => [stage-1 3/4] COPY --from=builder /node_modules /app/node_modules 0.3s
 => [stage-1 4/4] COPY app.js ./                                             0.1s
 => exporting to image                                                       0.3s
 => => exporting layers                                                      0.3s
 => => writing image sha256:f01f0812beeb370ddc5dee3d9290cd062315....  0.0s
 => => naming to docker.io/library/express-example                           0.0s
```

一樣將其執行成容器，試試看是不是多階段建置也能夠達到相同的效果：

```
$ docker container rm --force $(docker container ls --all --quiet)
# 先清掉所有容器，避免 port 衝突

$ docker container run --publish 3000:3000 --detach express-min-example #
不換行
6e945dd81d8e47acf1adf5e3944243264f049d6394c82f.....
```

一樣打開瀏覽器並輸入「http://localhost:3000」，就會看到和上次啟動容器時一模一樣的畫面，證明多階段建置的映像檔也可以達到一樣的目的。

接著是揭曉映像檔容器大小的時刻了，先打預防針，差距真的會很小，直譯式的程式語言需要套件在一旁隨時待命，導致其能夠縮小的空間真的不多：

```
$ docker image list --filter=reference='express-*'
REPOSITORY            TAG        IMAGE ID        CREATED          SIZE
```

```
express-min-example   latest    27505665627    7 minutes ago    117MB
express-example       latest    e336ff151fd    20 minutes ago   120MB
```

是的，你沒看錯，真的就只差了 3 個 MB，但某部分也是因為這個例子只是拿來練習多階段建置，所以內容很少；如果有某些套件是需要編譯的，那就可以讓容量差距更大。

想必你對於多階段建置映像檔有了更深一層的概念，不外乎就是**把平常的安裝工具、相依套件、編譯等工作放在前面的階段**，而**最後的階段通常都只是拿來執行應用程式**，以及滿足應用程式所需的最低要求。

這樣的方式其實也可以透過 .dockerignore 檔案來處理，效果就像 .gitignore 一樣，會在建置映像檔的時候，自動忽略標註在內的檔案。

4.15 .dockerignore

在建置映像檔時，可以注意到其中一段紀錄：

```
=> [internal] load .dockerignore
```

每一次建置的過程中，其都會自動去讀取「.dockerignore」檔案，但在之前並沒有好好介紹過。其最主要的功能在於**提前篩選掉不需要進入建置階段的檔案**，例如：常見的 README.md 或是一些開發環境的設定檔，**對於建置階段以及執行容器沒有幫助的檔案**，都應該放入 .dockerignore 內。

下面舉個簡單的例子，這是資料夾的結構：

```
.
├── main.js
├── Dockerfile
```

```
├── .dockerignore
├── README.md
```

接著在 .dockerignore 內寫入：

```
./README.md
./Dockerfile
```

下方是 Dockerfile 的內容：

```
FROM alpine:latest
WORKDIR /app
COPY . .
CMD ["ls"]
```

接著一樣建置這個映像檔：

```
$ docker image build --tag ignore .
+] Building 2.1s (8/8) FINISHED
 => [internal] load build definition from Dockerfile                   0.1s
 => => transferring dockerfile: 94B                                    0.0s
 => [internal] load .dockerignore                                      0.1s
 => => transferring context: 34B                                       0.0s
 => [internal] load metadata for docker.io/library/alpine:latest       1.5s
 => CACHED [1/3] FROM docker.io/library/alpine:late..                  0.0s
 => [internal] load build context                                      0.1s
 => => transferring context: 58B                                       0.0s
 => [2/3] WORKDIR /app                                                 0.1s
 => [3/3] COPY . .                                                     0.1s
 => exporting to image                                                 0.3s
 => => exporting layers                                                0.3s
 => => writing image sha256:ac7715c782f9dfcdd93c0dbc871ada.........    0.0s
 => => naming to docker.io/library/ignore                              0.0s
```

執行成容器，看看輸出結果是什麼：

```
$ docker container run ignore
main.js
```

可以注意到，我們使用了「COPY . .」的方式，也就是複製當前目錄內的所有資料進入到建置階段，但卻只有 main.js 被留下了，而 Dockerfile 及 README.md 都被篩選掉了。這麼做的好處是什麼呢？練習或範例中，我們都可以直接 COPY 我們需要的檔案進入建置階段，但在大型的專案下，會有很多不必要進入建置階段的檔案，例如：測試的檔案、開發環境快取的檔案等都不需要進入正式環境的映像檔，這時我們靠一個一個檔案 COPY，太過浪費時間，一方面又增加映像層。

使用 .dockerignore 可以讓你放心的去使用 COPY . .，來提升 Dockerfile 撰寫的乾淨度、減少映像檔的容量、降低映像層的層數，讓你透過一個檔案去管理所有不需要進入建置階段的檔案。

4.16 清理本機容量

建置了這麼多的映像檔和執行了一堆容器後，想必大家的電腦裡面應該都充斥著一些不需要的檔案，這時可以透過以下指令，來查看目前各個 Docker 物件在系統中所占據的容量：

```
$ docker system df
TYPE            TOTAL     ACTIVE    SIZE      RECLAIMABLE
Images          63        0         13.25GB   13.25GB (100%)
Containers      0         0         0B        0B
Local Volumes   22        0         667.8MB   667.8MB (100%)
Build Cache     531       0         10.32GB   10.32GB
```

可以看到其實映像檔及快取就占據了我的本機將近 25GB 的空間。

4.16.1 清理不需要的容器

有幾個方式可以清除容器，除了前面很常使用，關於強制刪除所有容器的指令（要記住這個是連在執行的容器都會刪除，通常都是我在實驗某些容器時才會使用的指令）：

```
$ docker container rm --force $(docker container ls --all --quiet)
```

還有稍微文明一點的指令，docker container prune可以刪除停止執行的容器：

```
$ docker container prune
WARNING! This will remove all stopped containers.
Are you sure you want to continue? [y/N] y
Total reclaimed space: 0B
```

4.16.2 清理不需要的映像檔

關於清理映像檔的指令，則和清理容器的雷同：

```
$ docker image prune
WARNING! This will remove all dangling images.
Are you sure you want to continue? [y/N] y
Deleted Images:
deleted: sha256:03552d52bd99ade4....

Total reclaimed space: 0B
```

Docker有提示只會刪除dangling的映像檔，而dangling則意味著標籤被奪走的映像檔。以下示範什麼行為會製造出dangling的映像檔，這裡隨手建立一個Dockerfile：

```
FROM alpine:latest
CMD [ "echo", "Hi" ]
```

接著建置映像檔：

```
$ docker image build --tag dangling .
[+] Building 0.2s (5/5) FINISHED
 => [internal] load build definition from Dockerfile                  0.1s
 => => transferring dockerfile: 36B                                   0.1s
 => [internal] load .dockerignore                                     0.1s
 => => transferring context: 34B                                      0.0s
 => [internal] load metadata for docker.io/library/alpine:latest      0.0s
 => CACHED [1/1] FROM docker.io/library/alpine:latest                 0.0s
 => exporting to image                                                0.3s
 => => exporting layers                                               0.3s
 => => writing image sha256:d7bcae79c0f6fff9fa7620078c122b6a65......  0.0s
 => => naming to docker.io/library/dangling                           0.0s
```

這時列出所有映像檔，應該會看到剛剛建立好的映像檔：

```
$ docker image list
REPOSITORY    TAG       IMAGE ID        CREATED          SIZE
dangling      latest    d7bcae79c0f6    1 minutes ago    5.53MB
```

稍微修改一下剛剛撰寫的 Dockerfile：

```
FROM alpine:latest
CMD [ "echo", "Hi, My name is Robert!" ]
```

使用相同的標籤名字去建置映像檔：

```
$ docker image build --tag dangling .
[+] Building 0.2s (5/5) FINISHED
 => [internal] load build definition from Dockerfile                  0.1s
 => => transferring dockerfile: 36B                                   0.1s
 => [internal] load .dockerignore                                     0.1s
 => => transferring context: 34B                                      0.0s
 => [internal] load metadata for docker.io/library/alpine:latest      0.0s
 => CACHED [1/1] FROM docker.io/library/alpine:latest                 0.0s
 => exporting to image                                                0.3s
```

```
=> => exporting layers                                          0.3s
=> => writing image sha256:2892a0f830e770814c111d1f0fe1e66d66db2...  0.0s
=> => naming to docker.io/library/dangling                      0.0s
```

當列出所有映像檔時，就會看到 dangling 的映像檔，以 <none> 的方式顯示：

```
$ docker image list
REPOSITORY    TAG       IMAGE ID        CREATED          SIZE
dangling      latest    2892a0f830e7    1 minutes ago    5.53MB
<none>        <none>    d7bcae79c0f6    2 minutes ago    5.53MB
```

這裡的 <none> 就是第一份建置的映像檔，因為標籤相同的關係，被第二次建置的映像檔奪走了標籤，轉變成 dangling 的映像檔，而在使用 `docker image prune` 指令時，就會幫助你清除這些沒有標籤的映像檔。

還有更暴力可以清理映像檔的方式，也就是在後方加上 `--all` 的參數，此指令將會清除所有沒有執行成容器的映像檔，換句話說，如果你現在沒有在執行任何容器或是暫停的容器，那映像檔就會全部被清空的意思：

```
$ docker image prune --all
WARNING! This will remove all images without at least one container
associated to them.
Are you sure you want to continue? [y/N] y
.......
Total reclaimed space: 5.691GB
```

可以看到上方清了 5.691GB 的空間出來。

4.16.3 清理系統

接下來的 `docker system prune` 指令可以一次清除停止的容器，無名的映像檔、無名的快取、沒有使用到的虛擬網路也會一併清除：

```
$ docker system prune
WARNING! This will remove:
```

```
  - all stopped containers
  - all networks not used by at least one container
  - all dangling images
  - all dangling build cache
Are you sure you want to continue? [y/N] y
...
Total reclaimed space: 12.32GB
```

再回來看看 Docker 整體的容量使用：

```
$ docker system df
TYPE            TOTAL     ACTIVE    SIZE      RECLAIMABLE
Images          0         0         0B        0B
Containers      0         0         0B        0B
Local Volumes   22        0         667.8MB   667.8MB (100%)
Build Cache     0         0         0B        0B
```

只有 Volume 並沒有被清除，這也是下一章節要介紹的 Docker 物件，涉及 Docker 該如何在容器不斷重新啟動的情況下得到一致的資料，以及除了 COPY 之外，還可以怎麼讓本機的資料進入到容器之中。

Docker Volume

本章主題將圍繞在「使用容器時如何保存資料」以及「保存資料為什麼會是一個問題」。過往印象中，保存資料的方式不外乎就是以檔案的形式儲存在電腦中，或是將資料寫入資料庫（MySQL、PostgreSQL等），但這又為什麼會成為使用Docker的一個課題呢？

要知道使用容器時通常有兩個核心的概念，分別是「immutable」（不可變動的）以及「ephemeral」（短暫的），雖然都是一些看起來很潮的字眼，但說穿了就是可以隨意刪除容器，並利用同一個映像檔再啟動一個相同的容器，且不會對整體的應用程式造成任何的副作用。

5.1 有/無狀態的應用程式

5.1.1 immutable的概念

目的是讓我們可以不斷地根據相同的映像檔啟動容器，且每次都是相同的，也可以說，容器本身是無狀態的運作環境。簡單來說，「無狀態」即每一次的執行都是獨立的，不會根據上一次的運作情況而有所改變。

所以，容器也是，每一次根據相同的映像檔執行容器都是獨立的。上一次進入容器，安裝了curl這個套件，刪掉容器後，根據相同的映像檔再次執行容器時，裡面是不會有curl這個套件的。這麼做的好處是「維護性」及「一致性」，若是我們真的需要curl這個套件，那就應該從根本改變，把它寫入映像檔中，再重新根據映像檔執行容器，而不是進入容器中做這種一次性的改動。

試想看看，現在應用程式出現Bug，第一種作法是進入容器中修改檔案，讓它運作正常；第二種作法是更改程式碼，並重新建置映像檔，然後再重啟容器，讓它運作正常。

以速度來說，第一種作法或許真的很快，但因為某種不明原因，容器掛了，我們再重新啟動之後，Bug依然存在，那這樣到底要進入容器幾次呢？而第二種方法就是把根基做好，多花個5分鐘來修改程式碼，合併分支，重新建置映像檔，就可以根治這個Bug，然後開心地去放假。

5.1.2 ephemeral的概念

其實，ephemeral和immutable是密不可分的，因為容器本身是無狀態的，導致其生命週期非常短暫，而生命週期短暫的好處是「重新啟動的速度」以及「沒有任何的副作用」。

5.1.3 既然都沒有狀態，那資料怎麼辦？

綜合以上兩個使用容器的核心概念，應用程式所產生的資料該怎麼辦呢？不論是資料庫（MySQL、PostgreSQL等）或是快取（Redis、Memcached等）以及那些和映像檔的檔案系統分割開來的資料，該怎麼處理呢？當然，容器本身並不應該儲存這些額外的資料到映像檔之中，你能想像這樣映像檔會變得多麼的巨大嗎？每一次部署會需要花費多少的時間呢？

而根據「關注點分離」[†1]（Separation of concerns，SoC）的策略，Docker提供了「Volume」及「Bind Mount」（掛載）的方式來做到保存狀態這件事情。

每當更新應用程式的版本、重新啟動容器時，這些資料都會存在，所以在Docker中，容器和Volume本身就是兩個模組，也是兩個不同的物件，這是Docker為了實踐有狀態的應用程式所給出的答案。

Volume是在容器磁碟空間外的一個儲存空間，換言之，可以像使用Docker虛擬網路時一樣，把Volume連接到任何想要連接的容器上，而在容器自己看來，它不過就是磁碟空間中的一個路徑或是一個檔案目錄。

†1 展現關注點分離設計的程序，被稱為「模組化程序」。模組化程度，也就是區分關注焦點。

Bind Mount 則是將本機的檔案或檔案目錄掛載到容器內，Bind Mount 這個功能名字取得真的好，對於像我這種資質駑鈍的人來說，是很有畫面的。而對於容器本身來說，它也不會知道這檔案是不是掛載進來的，因為它不過就是磁碟空間中的一個路徑或是一個檔案目錄。

當然，這兩種用法在現在看來很相似，但在實際使用上卻有一些不一樣的地方。

5.2 從 DockerHub 看 Volume

單純以 volume 的使用方式來說，其實是很簡單的，但還是要花一些心力在理解整個 volume 的運作方式，以及一個新的服務該怎麼搭配 volume 使用。

我們可以在 Dockerfile 中寫入 VOLUME 這個指令，這是「第 4 章映像檔」沒有介紹到的，我在第 5 章會一次說明。從 DockerHub 來看別人是如何使用 VOLUME 這個指令吧！

STEP 01 到 DockHub 的搜尋介面，搜尋「mysql」。可以猜測只要是需要儲存空間的服務，都一定會使用到 VOLUME 指令，所以這裡也可以自由發揮，去搜尋你自己熟悉的資料庫服務。

❖圖 5-1　搜尋「mysql」

|STEP| 02 點擊搜尋到的第一個結果，並確認其為官方所提供的映像檔。

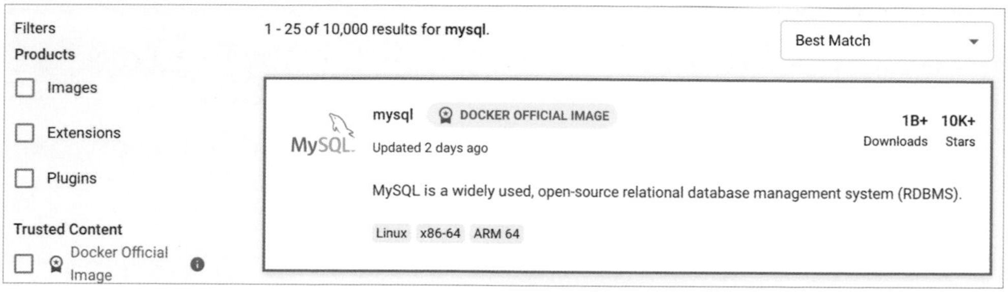

Filters
Products
Images
Extensions
Plugins
Trusted Content
Docker Official Image

1 - 25 of 10,000 results for **mysql**.

Best Match

MySQL
mysql DOCKER OFFICIAL IMAGE
Updated 2 days ago
1B+ Downloads 10K+ Stars
MySQL is a widely used, open-source relational database management system (RDBMS).
Linux x86-64 ARM 64

❖圖 5-2 進入 mysql 官方映像檔

|STEP| 03 點擊隨意一個版本的 mysql 映像檔。

Supported tags and respective `Dockerfile` links

- 8.0.31, 8.0, 8, latest, 8.0.31-oracle, 8.0-oracle, 8-oracle, oracle
- 8.0.31-debian, 8.0-debian, 8-debian, debian
- 5.7.40, 5.7, 5, 5.7.40-oracle, 5.7-oracle, 5-oracle
- 5.7.40-debian, 5.7-debian, 5-debian

❖圖 5-3 點擊任一版本的映像檔

|STEP| 04 進入後，會看到官方映像檔在 GitHub 上面 Dockerfile 的原始碼，拉到最下方，可發現有一行使用「VOLUME」作為指令。

```
110  RUN set -eux; \
111    microdnf install -y "mysql-shell-$MYSQL_SHELL_VERSION"; \
112    microdnf clean all; \
113    \
114    mysqlsh --version
115
116  VOLUME /var/lib/mysql
117
118  COPY docker-entrypoint.sh /usr/local/bin/
119  RUN ln -s usr/local/bin/docker-entrypoint.sh /entrypoint.sh # backwards
120  ENTRYPOINT ["docker-entrypoint.sh"]
121
```

❖圖 5-4 找到 VOLUME 指令

這裡解釋一下在Dockerfile中寫「VOLUME」代表什麼意思。以這個例子來說，MySQL的資料庫預設儲存路徑是放在「/var/lib/mysql」位置，要知道資料庫雖然聽起來是一個獨立的存在，但再怎麼樣它還是磁碟空間中的一個檔案罷了。這段指令的完整語義就是告訴Docker，此映像檔執行成容器時建立一個volume，並且連接到容器內「/var/lib/mysql」這個路徑的檔案，這表示所有放在這個volume中的資料，都是存活在容器之外，除非手動刪除掉volume。

要記住volume是需要手動刪除的，沒辦法只是透過刪除容器來刪除掉volume，這很重要。雖然有額外的方法可以讓容器刪除時一同刪除volume，但那是一些進階的作法，就暫且不談，我們將目光放回到volume本身，手動刪除表示「volume非常重要，至少比容器還要重要」。

另一種檢查有無 Volume 的方式

拉取mysql映像檔來試試看：

```
$ docker image pull mysql
Using default tag: latest
latest: Pulling from library/mysql
051f419db9dd: Pull complete
7627573fa82a: Pull complete
a44b358d7796: Pull complete
95753aff4b95: Pull complete
a1fa3bee53f4: Pull complete
f5227e0d612c: Pull complete
b4b4368b1983: Pull complete
f26212810c32: Pull complete
d803d4215f95: Pull complete
d5358a7f7d07: Pull complete
435e8908cd69: Pull complete
Digest: sha256:b9532b1edea72b6cee12d9f5a78547bd3812....
Status: Downloaded newer image for mysql:latest
docker.io/library/mysql:latest
```

在開始之前，你或許可以使用 docker volume prune 指令來清空你現有的 volume（如果你已經有 volume 的話），讓待會的輸出畫面可以看得更加清晰，版面也不會那麼亂。

接著使用 docker image inspect 指令來看 mysql 映像檔的詳細資訊，除了從 Dockerfile 直接看之外，使用 docker image inspect 指令也不外乎是一個好方式：

```
$ docker image inspect mysql
[
 {
  ...
  "ContainerConfig": {
    ....
    "Volumes": {
      "/var/lib/mysql": {}
    },
    ...
  }
 }
]
```

從回應中，可以看到 volume 的預設路徑確實是「/var/lib/mysql」，所以之後可不需要去看官方映像檔的原始碼，透過 docker image inspect 指令，即可看到所有設定的資料。

5.3 執行帶有 Volume 指令的映像檔

前兩個小節都只是紙上談兵，根本還沒有真的見到 volume 本人呀，別急！把 mysql 給執行起來：

```
$ docker container run --detach --name mysql --env MYSQL_ROOT_PASSWORD=
whatever mysql # 不換行
cc94cfe86706e585f36d60e7dec2a7ffdfcf9ca5ff83f697d8
```

接著，一樣確認這個容器是真的有在運作，而不是進入退出的狀態：

```
$ docker container list
CONTAINER ID  IMAGE COMMAND    CREATED STATUS PORTS          NAMES
cc94cfe86706  mysql "docke..." Abou... Up     3306/tcp, 33.. mysql
```

確認過後，再次使用 `inspect` 這個超級好用的指令來看看容器有什麼不一樣：

```
$ docker container inspect mysql
[
 {
  ...
  "Mounts":[
    {
      "Type": "volume",
      "Name": "2c1a7d85be3f0c1079ab0d73b92fd9aadb82...",
      "Source": "/var/lib/docker/volumes/2c1a7d../_data",
      "Destination": "/var/lib/mysql",
      "Driver": "local",
      "Mode": "",
      "RW": true,
      "Propagation": ""
    }
  ]
  ...
 }
]
```

可以觀察到這個容器掛載了一個 volume 在裡面，Destination 的部分是指容器內部路徑，Source 則是指外部的 volume。而這個 volume 的路徑，若是使用 Linux 作業系統的人，可以直接透過 `cd` 指令進入到這個資料夾中。

macOS 及 Windows 的使用者還記得之前的章節提過，macOS 及 Windows 都是透過迷你的虛擬機在執行 Docker，所以直接 `cd` 到這個路徑是行不通的，因為資料是存放在迷你的虛擬機中。

這裡可以透過以下指令來列出存活的 volume：

```
$ docker volume list
DRIVER     VOLUME NAME
local      2c1a7d85be3f0c1079ab0d73b92fd9aadb8204c2....
```

仔細對比 VOLUME NAME，會發現和連接到容器的 SHA 值是一樣的，表示寫在映像檔中的 VOLUME 指令會在沒有指定 volume 的情況下，自行建立一個以隨機 SHA 值命名的 volume。

我們一樣可用 `inspect` 指令來看 volume 的詳細資訊，可以透過 `docker volume inspect`+Tab 鍵的方式來做到篩選現有的 volume，並且檢查其詳細資訊：

```
$ docker volume inspect 2c1a7d85be3f0c1079ab0d73....
[
 {
  "CreatedAt": "2022-09-17T10:46:59Z",
  "Driver": "local",
  "Labels": null,
  "Mountpoint": "/var/lib/docker/volumes/2c1a7d85b...",
  "Name": "2c1a7d85be3f0c10...",
  "Options": null,
  "Scope": "local"
 }
]
```

我怎麼知道哪個 volume 接到哪個容器？

突然發現一件事，我們可以透過容器知道現在連接的是哪一個 volume，但卻沒辦法從 volume 的角度去看到現在連接的是哪一個容器。

若是開啟兩個 MySQL 服務的話：

```
$ docker container run --detach --name mysql2 --env MYSQL_ROOT_PASSWORD=
whatever mysql # 不換行
35fd131389c0343f0faadc4fbe74b976d216c1fc65cd84b
```

接著列出所有的volume看看：

```
$ docker volume list
DRIVER     VOLUME NAME
local      2c1a7d85be3f0c1079ab0d73b92fd9aadb8204c2....
local      35fd131389c0343f0faadc4fbe74b976d216c1fc....
```

你應該開始意識到VOLUME NAME所帶來的問題，對吧？

從列出volume這件事情，我們沒有辦法得到任何有用的資訊，也沒辦法知道這是連接到哪一個容器。若是今天容器被刪除了呢？要知道「刪除容器並再次重啟」是一件稀鬆平常的事情。

```
$ docker container rm --force mysql mysql2
mysql
mysql2
```

確認所有的容器都被刪除得乾乾淨淨了：

```
$ docker container list --all
CONTAINER ID   IMAGE COMMAND CREATED STATUS PORTS   NAMES
```

接著再列出volume，它們並沒有被刪除。就如同前面提到的，正常情況下會需要透過手動來刪除volume：

```
$ docker volume list
DRIVER     VOLUME NAME
local      2c1a7d85be3f0c1079ab0d73b92fd9aadb8204c2....
local      35fd131389c0343f0faadc4fbe74b976d216c1fc....
```

但現在好像完蛋了，哪個volume是對應到哪個容器呢？雖然資料都還在，難不成要像在玩抽抽樂一樣，試著將這個volume去對應那個容器，不行再換下一個嗎？

5.4 為你的 volume 命名

顯然抽抽樂去對應容器並不是一個有效率且聰明的作法，所以我們可以替 volume 命名，來讓人類利用肉眼輕易分辨出區別。

5.4.1 命名 volume

回到最一開始啟動容器時的指令，加入 --volume 指令，來告訴 Docker 要對應的 volume 名字是什麼：

```
$ docker container run --detach --name mysql --env MYSQL_ROOT_PASSWORD=
whatever --volume /var/lib/mysql mysql # 不要輸入這段指令，是錯誤的
```

請你先別急著下指令，上面雖然加入了 --volume 指令，且目的地也是 mysql 這個映像檔本身資料庫檔案存放的位置，但上述的寫法其實和沒寫是一樣的，因為「VOLUME /var/lib/mysql」早就被定義在 Dockerfile 裡面了，不是嗎？所以，應該在目的地的前方加上 volume 的名字，如下所示：

```
$ docker container run --detach --name mysql --env MYSQL_ROOT_PASSWORD=
whatever --volume mysql-data:/var/lib/mysql mysql # 不換行
827b118d0aa7c8f83415e66d2a49106....
```

注意到了嗎？只需要在目的地的前方加上要取的 volume 名字，並且用冒號進行連接，就能夠建立一個有名字的 volume，並且連接到「/var/lib/mysql」這個路徑。

接著列出所有的 volume，看看是不是真的有效：

```
$ docker volume list
DRIVER      VOLUME NAME
local       2c1a7d85be3f0c1079ab0d73b92fd9aadb8204c2....
local       35fd131389c0343f0faadc4fbe74b976d216c1fc....
local       mysql-data
```

我們執行 `docker volume inspect` 指令，看是不是一切變得易讀多了，也可以輕鬆透過名字來分辨 volume 是哪一個容器要用的：

```
$ docker volume inspect mysql-data
[
 {
  "CreatedAt": "2022-09-17T14:13:56Z",
  "Driver": "local",
  "Labels": null,
  "Mountpoint": "/var/lib/docker/volumes/mysql-data/_data",<- 易讀
  "Name": "mysql-data", <- 易讀
  "Options": null,
  "Scope": "local"
 }
]
```

除了在容器啟動時直接輸入 volume 的名字，如剛剛範例中的「`mysql-data:/var/lib/mysql`」之外，也可以手動提前建立好 volume，並連接到容器上：

```
$ docker volume create whatever
whatever
```

5.4.2 volume 的共用性

前面有提過可以把 volume 連接到任何想要連接容器上面，所以這裡再次啟動一個 mysql 的容器，並且把剛才的 mysql-data 連接到新的容器上。

先刪除掉目前所有的容器：

```
$ docker container rm --force $(docker container ls --all --quiet)
```

再次啟動一個 mysql 的容器：

```
$ docker container run --detach --name mysql --env MYSQL_ROOT_PASSWORD=
whatever --volume mysql-data:/var/lib/mysql mysql # 不換行
63b9256b6c9addc1334de9ccf41293....
```

接著列出所有的 volume：

```
$ docker volume list
DRIVER     VOLUME NAME
local      2c1a7d85be3f0c1079ab0d73b92fd9aadb8204c2....
local      35fd131389c0343f0faadc4fbe74b976d216c1fc....
local      mysql-data
```

可以看到新的 msql 容器建立的時候，因為有給予 volume 名字的關係，Docker 會發現已經有一個存在的 mysql-data volume，就不再用 SHA 隨機產生一個 volume 了。

利用 `docker container inspect` 指令的方式，也可以確定新的容器連接上的 volume 確實是 mysql-data 沒錯：

```
$ docker container inspect mysql
[
 {
  ...
  "Mounts":[
    {
      "Type": "volume",
      "Name": "mysql-data",
      "Source": "/var/lib/docker/volumes/mysql-data/_data",
      "Destination": "/var/lib/mysql",
      "Driver": "local",
      "Mode": "z",
      "RW": true,
      "Propagation": ""
    }
  ]
  ...
 }
]
```

這裡會發現 Name 及 Source 都和 mysql-data 相符，也證明了 volume 的共用性，是可以在容器之間共享的。

還有另外一個指令可以參考，若是我們希望和某一個容器共用同一個volume，則可以使用`--volumes-from`指令：

```
$ docker container run --detach --name mysql2 --env MYSQL_ROOT_PASSWORD=
whatever --volumes-from mysql mysql # 不換行
e8b1d30c4f4387a0110fd1619553349e51489d3c...
```

這裡的mysql2容器會和mysql容器使用相同的volume，但這僅限於是同一種服務，畢竟每一個服務要存放檔案的目的地路徑都不相同，若是這裡明明啟動的是一個redis的服務，但卻`--volumes-from mysql`，雖然不會壞掉，但也沒有任何意義就是了。

5.5 另一種方式：Bind Mount

除了前面談到的volume之外，Bind Mount也是另一種把不屬於映像檔本身的檔案放入容器中的方法，這個功能本身的設計非常酷，第一次使用的時候真的有一種「啊！」的聲音出現，完全讓人理解要如何在本地端使用Docker進行開發。

如同字面上的意思，Bind Mount就是單純把本機的檔案掛載到容器內，而這個指令沒有辦法寫在Dockerfile裡面，因為必須把一個真實存在的資料夾或是檔案掛載到容器內，所以只能在`docker container run`指令的時候加入。

而在背後執行的原理，就是**本機的路徑和容器內的路徑指向本機的同一個檔案**，使用起來的方式很像volume，容器的刪除並不會連帶刪除掉本機的檔案，兩個之間的優先度當然是本機獲勝。

接下來一樣使用nginx來示範Bind Mount的使用情境，不要覺得為什麼又是nginx，因為它最輕鬆把畫面體現在瀏覽器上，可以很快看到差異。

5.5.1 --mount 或是 --volume 都可以

你可能會有點疑惑，--volume 剛剛不是介紹過了嗎？這是因為要使用 Bind Mount 功能，不論是用 --volume 或是 --mount 指令都可以，但有一些細節需要注意。本次的範例是「ch-05 的 nginx-example」。

進入這個資料夾後，可以透過 --mount 或 --volume 兩種方式來達到同樣的目的：

```
$ docker container run --detach --name nginx-volume --publish 80:80 --volume
$(pwd):/usr/share/nginx/html nginx # 不換行
6cb48a848c2373ff65b...
```

接著打開瀏覽器輸入「http://localhost」，會看到「Hi，你成功使用了 Bind Mount 功能了！」的字樣，我們利用資料夾中本地的 index.html 去替換掉 nginx 原先設定好的 index.html。

第一種方式是一樣使用 --volume 的指令，但是搭配的是本地端的絕對路徑，而非上一小節的 volume 名稱；而「$( )」的寫法，則是在 Docker 的指令中穿插終端機指令的作法，這裡的 pwd 在 Linux 以及 macOS 代表的是「此處」的意思。

在 Windows 系統中的使用者則可能需要將指令更改成下方畫面所示（%cd%），這單純只是作業系統不同而導致指令不相同，但實際上要傳達給 Docker 的意思是一樣的：

```
$ docker container run --detach --name nginx-volume --publish 80:80 --volume
%cd%:/usr/share/nginx/html nginx
# 不換行
```

換句話說，--volume 可以使用 Volume 的方式（可能有點饒口），也就是上一個小節中替一個 volume 命名，並且連接到容器上；也可以使用 Bind Mount 的方式，將本機的檔案掛載至容器內。

接著來嘗試第二種方式實現 Bind Mount 功能：

```
$ docker container run --detach --name nginx-bind-mount --mount type=bind,
source=$(pwd),target=/usr/share/nginx/html --publish 8080:80 nginx # 不換行
55a3af9c6969d425e64c304015b1...
```

打開瀏覽器輸入「http://localhost:8080」，一樣可以看到「Hi，你成功使用了 Bind Mount 功能了！」的字樣，證明確實取代了 nginx 預設的畫面。

這個寫法會囉唆一些，但我覺得對於新手而言，使用 Bind Mount 功能非常清晰易懂，`--mount` 後方要傳遞三個參數給 Docker，分別是 `type`、`source`、`target`，而 type 就是使用 bind 的方式，source 則是一樣的「`$(pwd)` / `%cd%`（Windows 使用者）」，代表此處的絕對路徑，target 則是容器內的絕對路徑。

這裡實現了兩種指令，都將本地的資料掛載至容器內，接著進去容器看看長什麼樣子。現在有兩個容器都在背景執行，所以想去哪一個都可以：

```
$ docker container exec --interactive --tty nginx-bind-mount bash
root@55a3af9c6969:/# cd /usr/share/nginx/html
root@55a3af9c6969:/# ls
Dockerfile   LICENSE   README.md        index.html
```

可以看到連這個資料夾內的 Dockerfile、README.md、甚至是 LICENSE 都掛載進來了，這是因為這裡用一整個檔案目錄去取代掉另一個檔案目錄。要注意的地方是，我們不能夠使用一個檔案去取代掉檔案目錄，後面會做一個錯誤示範來驗證這件事。

現在要做的是 Bind Mount 最讓人驚艷的功能，現在我們還停留在 nginx-bind-mount 容器內，接著打開一個終端機的視窗，進入 docker-volume-nginx-example 資料夾，並且隨意新增一個檔案：

```
# 另一個終端機視窗
$ cd docker-volume-nginx-example
$ touch test.txt
```

```
# 原本的終端機視窗，nginx-bind-mount 的容器內
root@55a3af9c6969:/# ls
Dockerfile   LICENSE   README.md        index.html   test.txt
```

非常有趣的事發生了，剛剛新增的 test.txt 檔案就這樣即時更新到容器內，而且完全不需要重新啟動容器，也不必做任何的指令，這讓使用 Docker 在本機開發變成是一件輕鬆寫意的事情。

只需要啟動一個符合應用程式環境的容器，並且把開發的檔案掛載到容器內，一切就搞定了，也不必在容器內去做複雜的設定，因為需要的檔案還是存放在本機中。而前面所述的背後原理就是**本機的路徑和容器內的路徑指向本機的同一個檔案**，所以不論是在容器內做編輯、刪除，都會相同影響到本機的檔案。

接著是剛剛提到的錯誤示範，來驗證**不能夠使用一個檔案去取代掉檔案目錄**這句話，這裡的 source 只有 index.html 一個檔案，但是 target 卻是一整個檔案目錄：

```
$ docker container run --detach --name nginx-bind-mount-wrong --mount type=
bind,source=$(pwd)/index.html,target=/usr/share/nginx/html --publish
8081:80 nginx # 不換行

566580d89326987432d87d7c434cd23875728f29aa54673e2e831d208e76733a
docker: Error response from daemon: failed to create shim task: OCI runtime
create failed: runc create failed: unable to start container process: error
during container init: error mounting "/host_mnt/Users/RobertChang/docker-
volume-nginx-example/index.html" to rootfs at "/usr/share/nginx/html":
mount /host_mnt/Users/RobertChang/docker-volume-nginx-example/index.html:/
usr/share/nginx/html (via /proc/self/fd/14), flags: 0x5000: not a directory:
unknown: Are you trying to mount a directory onto a file (or vice-versa)?
Check if the specified host path exists and is the expected type.
```

Docker 很聰明地提示你：source 本身並不是一個 directory，這是在掛載時需要注意的小地方。

5.5.2 測驗 Volume 與 Bind Mount 的概念

1. 哪一種方式可以將存在於本機的檔案連接到容器內？
2. 當我們在使用 Bind Mount 的方式時，$(pwd) 代表的是什麼意思呢？
3. 今天執行了一個需要儲存空間的服務（MySQL、PostgreSQL、Redis、 Elasticsearch 等），我要如何知道容器內存放資料的路徑呢？

說明

這並不是實際的演練題，因為 Volume 及 Bind Mount 雖然是兩個不同的概念，但做到的事情很像，所以這裡有幾個問題希望大家可以作答，不知道答案的人可以看附錄的答案，並思考一下。

大家是不是都有答對呢？理解 Volume 及 Bind Mount 的差別了嗎？至於實際應用的場景，則會在後面的章節一一出現。

5.5.3 升級資料庫版本演練

1. 以 mariadb:10.3 的映像檔建立容器，並且把 volume 命名為「mariadb-data」，且連接到容器上，確認容器的 logs 一切正常。透過閱讀 DockerHub 上的使用說明，來得到啟動容器所需要的參數以及容器內儲存資料的路徑。
2. 確認一切都沒問題後，暫停掉以 mariadb:10.3 的映像檔所建立容器。
3. 改以 mariadb:10.8 的映像檔來建立新的容器，將 mariadb-data 這個 volume 連接到容器上，並確認容器的 logs 一切正常。

說明

這個演練是模擬一個真實的情境，原先使用了 mariadb:10.3 版本的映像檔作為資料庫的服務，但因為某些原因，需要將服務升級到 mariadb:10.8 的映像檔作為服務，而這次的演練目的是透過已命名的 volume 來保存資料，並且升級服務的同時，資料不會遺失。

在非 Docker 環境的作法下，我們會直接用套件管理工作（brew、apt 等）去升級 mysql 的版本，而關於資料儲存的部分，這些升級都會在背後幫助你完成一切的手續，只需要 `brew upgrade mariadb` 就完工了。

5.5.4 在執行的容器中修改程式碼演練

1. 首先取得本次演練的範例檔檔案，放在 ch-05 的 bind-amount-practice 中。確認進入到檔案目錄後，這次是根據 `robeeerto/hugo:latest` 這個映像檔作為容器的基底，並且打開 1313 的 port，同時把當前目錄的 content 資料夾用 Bind Mount 的方式放到容器中的 `/app/content` 的位置，接著打開瀏覽器輸入「http://localhost:1313」，確認服務有正式啟動，可以看到畫面。

2. 接著編輯當前目錄中 `content/posts` 內的 practice.md 這個檔案的內文，看看瀏覽器的刷新以及變化。

這個演練是將 Bind Mount 實際應用到開發場景上，正如之前所提過的，Bind Mount 的方式讓你能夠輕鬆地在本地端開發，可以透過編輯本地的檔案，同時影響到正在運作的容器。

這次使用 Static Site Generator 來演練，顧名思義，Static Site Generator 是一種靜態頁面的產生器，有非常多知名的框架，如使用 Ruby 開發的 Jekyll 或是 Golang 開發的 Hugo 等。

這次透過 Hugo 這個靜態頁面產生器在本地執行一個開發的伺服器，這樣的演練並不需要瞭解 Golang 程式語言，而是透過 Bind Mount 的方式，來建立本機和執行中的容器之間的橋樑，所以這個演練只是單純的修改文件，來啟發你對於 Bind Mount 的使用。

恭喜你完成了本章，目前我們掌握了基本的容器使用技能、基礎映像檔的建置及使用，以及學會如何儲存應用程式外的資料，還有透過 Bind Mount 的方式在本地端執行容器來進行開發。

下一章中，我們將進入 Docker Compose，這將會打開全新的視野。

MEMO

Docker Compose

本章將會是學習Docker的第一個小里程碑，因為使用Docker Compose前需要具備前幾章所培養的基礎，否則會把自己搞得非常亂。還記得我第一次學習Docker Compose的時候非常興奮，因為終於不再是練習獨立的物件，Bind Mount很酷沒錯，容器的啟動很酷沒錯，撰寫多階段的映像檔也很酷，但再怎麼樣都是運作獨立的物件，直到第一次啟動Docker Compose時，真的超級興奮，因為實在是太讚啦！

6.1 什麼是 Docker Compose？

前面每一個章節都是在介紹獨立物件的使用，而Docker Compose則是一個整合容器、Volume、虛擬網路並構成應用程式的工具。要使用Docker Compose，須透過撰寫一個叫做「docker-compose.yml」的YAML檔案，去針對每一個服務做設定，並且透過單一的指令`docker compose up`來一鍵啟動所有的服務。

為什麼需要 Docker Compose？

先想想一個基本的Web應用程式需要什麼呢？一個Web Server（如Nginx、Apache、Traefik…）、一個App Server（Rails、Laravel、Django…）、一個資料庫（PostgreSQL、MySQL、MangoDB…）。就算是靜態頁面的產生器，也需要一個Web Server來提供路徑及SSL的驗證。

目前我們確實可以單獨啟動每一個容器，並且透過相同的虛擬網路（`--network`）來做到整合一個應用程式，但如果整個應用程式有6至7個容器要啟動，每一次啟動輸入的參數又是否能確保萬無一失呢？這正是需要Docker Compose的原因，所有容器的啟動參數，如之前所學過的`--publish`、`--env`、`--name`，volume的名字、虛擬網路的名字等，都能夠被定義在一個文件中，以確保每一次的啟動都是相同的，而且統一在一個檔案中做更動，可避免誤植錯字而啟動失敗的尷尬窘境。

6.2 啓動 WordPress

先從啟動 WordPress 這個全球最受歡迎的網頁製作平台 / 網站管理系統開始。下方的 docker-compose.yml 是在本機執行的 WordPress 基本範例，也可以在本書的 GitHub 儲存庫中「ch-06 的 wordpress-example」找到：

```
version: '3.9'

services:
  wordpress:
    image: wordpress:6.0.2
    ports:
      - 8080:80
    environment:
      - WORDPRESS_DB_HOST=db
      - WORDPRESS_DB_USER=admin
      - WORDPRESS_DB_PASSWORD=password
      - WORDPRESS_DB_NAME=wordpress
    volumes:
      - .:/var/www/html

  db:
    image: mysql:5.7
    environment:
      - MYSQL_DATABASE=wordpress
      - MYSQL_USER=admin
      - MYSQL_PASSWORD=password
      - MYSQL_RANDOM_ROOT_PASSWORD=1
    volumes:
      - db:/var/lib/mysql

volumes:
  db:
```

這裡的資訊量有點大，我會一個一個來做解釋。在 YAML 檔案裡面，都是用兩個空格來作為階層的區分，這裡由上至下來分段說明：

```
version: '3.9'
```

這個非常易懂，Docker Compose 經過多次版本的迭代，自然而然會有很多新功能以及被取代的舊功能，就像是區分 API 的版本一樣。要注意的是，這個 version 單純是這份 docker-compose.yml 的紀錄，讓編輯者瞭解到這份檔案是某一個 Compose 版本，而 Docker Compose 並沒有辦法做到根據檔案內撰寫的 version 來切換版本，最主要還是機器上安裝的 Docker Compose 支援什麼樣語法和功能。當然，Docker Compose 在解析 docker-compose.yml 時，遇到過時或是比較新的語法，都會跳出提示來通知使用者。

接著是 services，以這裡的例子來說，我們啟用了 wordpress 及 db 兩個 servcie，概念其實和`docker container run`是一樣的，只是將`docker container run`需要的參數寫了下來，讓 Docker Compose 去執行：

```
services:
  wordpress: <- 服務名稱 / DNS 名稱
    ...
  db: <- 服務名稱 / DNS 名稱
    ...
```

這裡分別是 wordpress 及 db，標記了服務名稱的同時，也作為該服務在 Docker 虛擬網路中的 DNS 名稱，就像在「第 3 章 Docker 虛擬網路」中替容器命名，以便作為 DNS 和其他容器溝通的手段一樣。

再來是 service 內部的參數，所有的參數都是官方提供的選項，並不是自己想填什麼就填什麼，具有一定的規範：

```
services:
  wordpress:
    image: wordpress:6.0.2
    ports:
```

```
    - 8080:80
  envrionments:
    - WORDPRESS_DB_HOST=db
    - WORDPRESS_DB_USER=admin
    - WORDPRESS_DB_PASSWORD=password
    - WORDPRESS_DB_NAME=wordpress
  volumes:
    - .:/var/www/html
# 以上為 wordpress service 的設定參數
```

- **Image**：指定映像檔的版本，就像在執行容器時一樣。
- **Ports**：將指定的 port 對應到本機的 port，如同執行容器時的 `--publish` 一樣。

有時參數並不是只有一個，可能會需要打開很多的 port，這時候在 YAML 檔案的格式中，可以透過這種 List 的方式把需要的參數條列出來：

```
ports:
  - 8080:80
  - 8080:80
  - 8080:80
# 上面的寫法在 YAML 檔案中叫做 List，用「-」作為前綴
```

- **Enviroments**：將環境變數傳入容器中，如同執行容器時的 `--env` 參數是一樣的道理；同上，超過一個以上的環境變數可以透過 List 的方式條列出來。
- **Volumes**：以 WordPress 這個例子來說，分別使用了 Volume 及 Bind Mount 兩種方法，就如同 `--volume` 在執行容器時所帶入的參數一樣。

在 wordpress 的 service 中使用了 Bind Mount，將此處綁定至容器中的 /var/www/html；而 db 的 service 中，則用了 Volume 的方式建立一個容器外的 volume，作為資料庫的儲存空間。

```
version: '3.9'

services:
 ....
```

```
volumes: <- 告訴 Docker Compose 這個應用程式使用到的 volume
  db: <- 我們在 db 這個 service 中有使用到 volume
```

這裡的volumes並非容器內的參數，而是整個docker-compose.yml最上層的選項。

需要提前告知Docker Compose整個服務所使用到的volume，因為在db的服務中有寫入db:/var/lib/mysql參數，所以要讓Docker Compose知道有這個volume存在；若是不寫，Dokcer Compose也會提醒你db這個volume不存在，要記得寫上去。

6.2.1 一鍵啓動所有服務

確定自己所在的資料夾內，有上方那份範例的docker-compose.yml檔案，接著就可以執行`docker compose up --detach`指令，如下：

```
$ docker compose up --detach
[+] Running 4/4
    Network docker-compose-wordpress_default          Created    0.1s
    Volume "docker-compose-wordpress_db"              Created    0.0s
    Container docker-compose-wordpress-wordpress-1   Started    1.1s
    Container docker-compose-wordpress-db-1           Started    0.9s
```

迎面而來的應該是資料夾中會開始出現.php的檔案，還記得我們在wordpress的service中使用了Bind Mount嗎？這會把wordpress容器中/var/www/html的檔案都寫回本機中，是不是很酷啊？

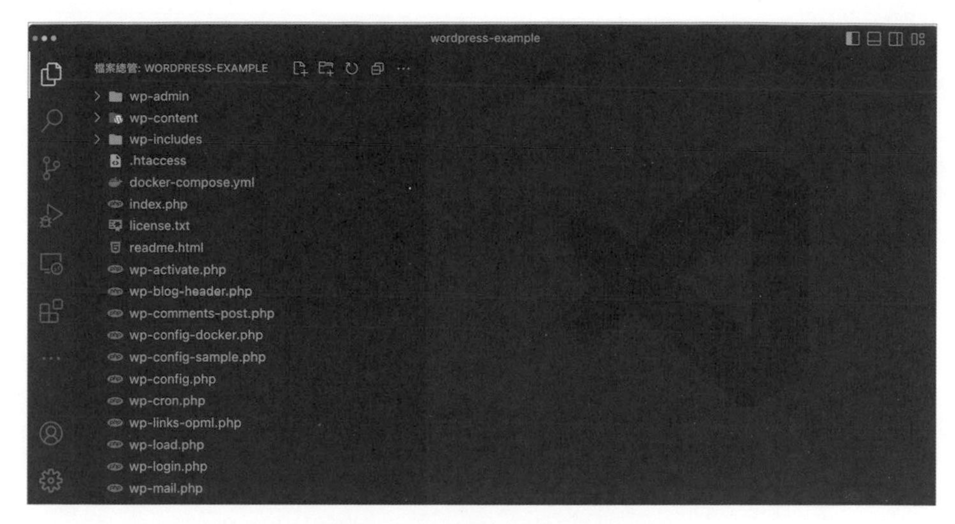

❖圖 6-1　憑空誕生的 .php 檔案

接著再打開瀏覽器，迎接 WordPress 啟動的驚喜之前，我們先來解釋一下這段啟動的指令有什麼需要注意的地方。

「Network docker-compose-wordpress_default Created」這行中，Docker Compose 為了讓檔案中被標示的服務能夠執行在一起，預設會在啟動時建立一個虛擬網路，如同「第 3 章 Docker 虛擬網路」中提到的，要在同一個虛擬網路中的容器，才可以透過容器名稱作為 DNS 輕易溝通。

至於虛擬網路的命名，預設為「檔案目錄的名稱 _default」，當然也可以提前告知 Docker Compose 要使用的虛擬網路名稱，在「第 8 章 部署 Web 應用程式 」將會提到，目前則以 Docker Compose 預設的行為做解釋。

接著是「Volume "docker-compose-wordpress_db" Created」這行，道理如同虛擬網路一樣。因為在 docker-compose.yml 檔案中，有特別標示了需要 volume db，所以 Docker Compose 在啟動時預設會用「檔案目錄的名稱 _volume 名稱」作為命名。如果不想要這麼長的 volume 名稱，當然也可以，之後會有範例提到，目前則以 Docker Compose 預設的行為做解釋。

再來是兩個容器的啟動，這裡就相對直覺很多，就是單純啟動容器，命名的規則是「檔案目錄的名稱 - 服務名稱 - 編號」。而為什麼需要編號呢？因為 Docker Compose 為了擴展容器數量而預留空格，來做到基本的負載平衡。

接著，我們打開瀏覽器輸入「http://localhost:8080」，就會看到 WordPress 的語言選擇介面，如圖 6-2 所示。

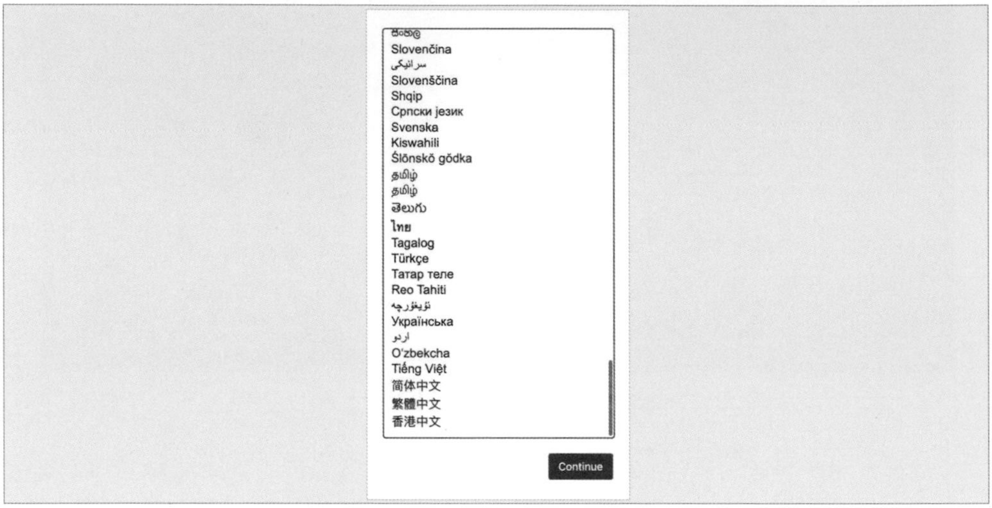

❖ 圖 6-2　WordPress 語言選擇介面

選擇完語言後，會略過原先 WordPress 填入資料庫資訊的介面，直接來到網站設定的環節，這是因為我們已經在 docker-compose.yml 檔案中，設定好關於資料庫的環境變數；圖 6-3 是被略過的畫面，可以參考一下。

❖ 圖 6-3　被略過的資料庫設定介面

接著填寫完網站的基本資訊並登入後，就會進入 WordPress 的控制台，代表在本地端利用 Docker Compose 執行 WordPress 應用程式是成功的。

❖圖 6-4　網站基本設定

❖圖 6-5　WordPress 控制台

為了驗證資料庫是否有確實作用，先新增文章，並關閉所有服務，然後重新啟動，以確認資料有確實保存下來，步驟如下：

|STEP| 01 點擊左邊導覽列的「文章」，並點擊「新增文章」，接著隨便輸入想要輸入的內容。

|STEP| 02 點擊右上角的「發布」，在確認發布後，點擊左上角的 WordPress 圖示回到控制台，接著將游標移動到左上角，點擊「造訪網站」。

❖圖 6-6　造訪網站

|STEP| 03 這樣就能夠在前台看到自己剛剛新增的文章。

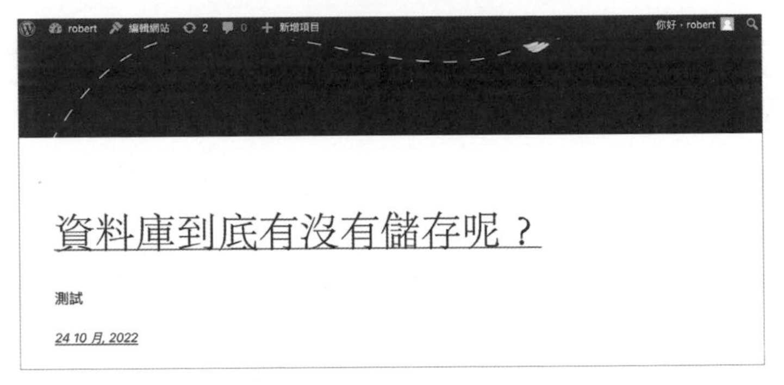

❖圖 6-7　前台的文章顯示

6.2.2　一鍵停止所有服務

回到終端機，輸入 docker compose down 指令，這將會依照 docker-compose.yml 的檔案內容來刪除容器以及預設建立的虛擬網路。

```
$ docker compose down
[+] Running 3/3
   Container docker-compose-wordpress-wordpress-1  Removed    1.2s
   Container docker-compose-wordpress-db-1         Removed    1.6s
   Network docker-compose-wordpress_default        Removed    0.1s
```

除了需要手動刪除的 volume 之外，容器以及虛擬網路都被刪除了，注意是「刪除」，不是「停止」唷。若是要停止容器的服務，則是使用 docker compose stop 指令。

接著為了驗證資料庫的實際作用性，我們再次輸入下方指令：

```
$ docker compose up --detach
[+] Running 4/4
   Network docker-compose-wordpress_default          Created   0.2s
   Container docker-compose-wordpress-wordpress-1  Started   0.7s
   Container docker-compose-wordpress-db-1         Started   0.7s
```

打開瀏覽器輸入「http://localhost:8080」，則會看到和圖 6-7 相同的畫面，證實了資料庫確實有作用，新增的文章也有被保存在 Volume 裡面。

下一小節中，將藉由我自己製作的前後端分離服務：一個簡單的 Todo-list，來和大家更深入研究 docker-compose.yml 還有什麼特殊的參數可以使用。

6.3 深入 Docker Compose

其實，docker-compose.yml 這個檔案的命名，Docker 官方比較偏好「docker-compose.yaml」的檔名，但我個人就是懶得多打一個字，所以長期使用「.yml」作為檔名的結尾。注意，如果同時兩個檔案（.yaml、.yml）都存在的話，Docker Compose 會以「.yaml」結尾的檔案優先讀取。

這個範例一樣可以在本書的 GitHub 儲存庫中「ch-06 的 todolist-example」找到。沒有下載資料夾的人，可以看下面整份的 docker-compose.yml 檔案，會稍微比上一個小節的範例來得複雜，但其實都是從基本觀念出發。

```
version: '3.9'

services:
 ui:
   image: robeeerto/todo-list-ui:latest
   container_name: ui
   restart: on-failure
```

```
    networks:
      - frontend
    ports:
      - 3001:3001
    environment:
      - NEXT_PUBLIC_CABLE_URL=${NEXT_PUBLIC_CABLE_URL}
      - NEXT_PUBLIC_API=${NEXT_PUBLIC_API}
    depends_on:
      - api

  api:
    image: robeeerto/todo-list-api:latest
    restart: on-failure
    container_name: api
    ports:
      - 3000:3000
    depends_on:
      - database
      - redis
    networks:
      - frontend
      - backend
    environment:
      - DB_HOST=database
      - DB_USER=${DB_USER}
      - DB_PORT=${DB_PORT}
      - DB_PASSWORD=${DB_PASSWORD}
      - RAILS_ENV=${RAILS_ENV}
      - REDIS_URL=${REDIS_URL}

  redis:
    image: redis:7-alpine
    container_name: redis
    restart: on-failure
    networks:
      - backend
    volumes:
      - redis-data:/data

  database:
```

```
    image: postgres:14-alpine
    container_name: database
    restart: on-failure
    networks:
      - backend
    environment:
      - POSTGRES_PASSWORD=${DB_PASSWORD}
    volumes:
      - database-data:/var/lib/postgresql/data

volumes:
  database-data:
    external: true
  redis-data:
    external: true

networks:
  backend:
    external: true
  frontend:
    external: true
```

首先，這是一個基本的 Web 應用程式，並且採用前後端分離的方式在本機執行（之後會用這個範例部署），根據圖 6-8，我們可以看到整個應用程式的架構。

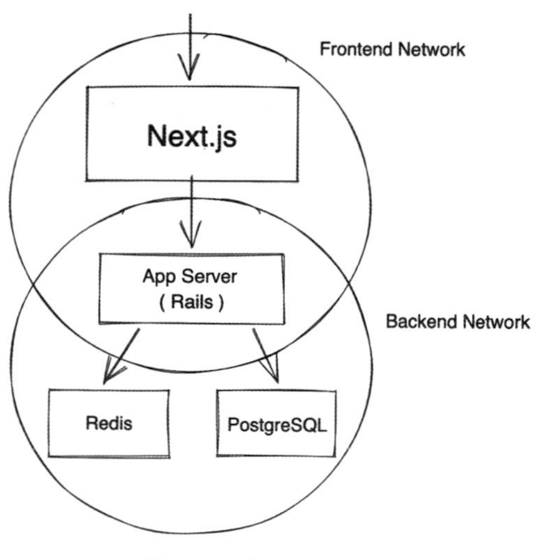

❖圖 6-8　應用程式架構圖

```
services:
  ui:
   ...
  api:
   ...
  redis:
   ...
  database:
   ...
```

根據 services 的階層，能夠看出這個應用程式總共有四個服務，分別是前端的 ui、後端的 api、資料庫的 database，以及為了實踐 WebSocket 而用的 redis。

這裡有幾個 service 內的參數是上一個小節沒有使用到的，以下將一一解說：

Restart

```
api:
  restart: on-failure、always、unless-stopped、no ( default)
```

Restart 共有四個參數可使用，分別是 no、always、on-failure、unless-stopped。

- **no**：意味著不論發生什麼情形，容器都不會重新啟動。
- **always**：除了容器被刪除以外，都將會重新啟動。舉例來說，如果這個容器的初始指令是印出一段文字，那在進入停止狀態後，它將會被重新啟動。
- **on-failure**：容器因為非預期錯誤而進入停止狀態時，重新啟動。
- **unless-stopped**：若是容器結束工作而進入退出狀態，則不會重新啟動，算是僅次於 always 的一個設定。

container_name

```
api:
  container_name: < 你想取什麼都可以 >
```

container_name 純屬我個人的習慣，因為 Docker Compose 預設會以「檔案目錄的名稱 - 服務名稱 - 編號」來替容器命名。在進入容器或是觀看容器的 Logs 時，要輸入一長串的容器名稱，對我來說很麻煩，所以我都會替容器命名，讓我在需要操作容器時更輕鬆。

networks

```
api:
  networks:
    - frontend
    - backend
```

networks 就像在執行容器時加入的 `--network` 參數一樣，透過 YAML 的 List 寫法，也可以定義複數的虛擬網路。

depends_on

```
api:
  depends_on:
    - database <- service 的名稱
    - redis <- service 的名稱
```

depends_on 這個功能非常好用，在一個正式的 Web 應用程式中，很多時候我們需要等待另一個服務的啟動才有效果。上面的範例意味著 API 服務要等待 redis 及 database 容器都啟動後，才會進行啟動，這樣可以避免很多非預期的錯誤。

例如：API 服務啟動太快，資料庫並沒有準備好，導致伺服器端出現 500 的錯誤，但其實不是程式碼出錯，而是啟動順序的問題。

networks

```
volumes:
 database-data:
   external: true
```

```
  redis-data:
    external: true

networks:
  backend:
    external: true
  frontend:
    external: true
```

這裡要先介紹的是上一個小節沒有介紹到的 networks，同樣作為最上層的參數，使用方式其實和 volumes 相同，若是有在 services 內使用到 networks 參數，都要提前告知 Docker Compose。

而這裡的重點是 external: true 參數，意味著該 network 或是 volume 都屬於外部，也就是不隸屬 docker-compose.yml 之中，需要提前建立的意思。若是加入了 external: true，但卻沒有提前建立，Docker Compose 將**不會按照預設行為**，自動建立被標記 external: true 的物件。

6.3.1 docker-compose.yml 中的環境變數

如果有仔細看過上面完整的 docker-compose.yml 檔案的話，會發現裡面暗藏像是這樣的參數：

```
DB_USER=${DB_USER}
DB_PORT=${DB_PORT}
DB_PASSWORD=${DB_PASSWORD}
RAILS_ENV=${RAILS_ENV}
REDIS_URL=${REDIS_URL}
```

這可能會讓人很疑惑，這些看起來像是環境變數的值是從哪裡來的呢？ Docker Compose 有一個非常厲害的功能，是為了避免將機密資訊（資料庫的密碼）寫在 docker-compose.yml 內，所以在 `docker compose up` 時，它能夠自動比對當前資料夾內的 .env 檔案的環境變數，並且對應到 docker-compose.yml 內，如此就能讓我們安心把 docker-compose.yml 檔案上傳到 GitHub 等程式碼儲存庫。

下面這個資料夾來作為簡單的範例：

```
# 資料夾結構
├── .env
├── docker-compose.yml

# .env
DB_USER=robert

# docker-compose.yml
version: '3.9'

services:
  app:
    image: ...
    environments:
      - DB_USER=${DB_USER} <- DB_USER=robert
```

這裡需要在科普一下，這真的是隸屬於Docker Compose的功能，一般讀取YAML檔案，並沒有這種神奇的操作，除非是特定框架內的YAML檔案，在解析時有做過特殊的處理，不然這種寫法一般是行不通的。

我們除了可以透過自己腦補的方式，幻想環境變數被安插到我們要的位置之外，也可以透過 `docker compose config` 指令，讓Docker Compose顯示出添加環境變數後的完整docker-compose.yml檔案：

```
# 資料夾結構
├── .env
├── docker-compose.yml <- TodoList 的範例

$ docker compose config
name: todolist-application
services:
  api:
    container_name: api
    depends_on:
      database:
```

```
        condition: service_started
      redis:
        condition: service_started
    environment:
      DB_HOST: database
      DB_PASSWORD: robeeerto
      DB_PORT: "5432"
      DB_USER: postgres
      RAILS_ENV: development
      REDIS_URL: redis://redis:6379
    image: robeeerto/todo-list-api:latest
    networks:
      backend: null
      frontend: null
    ports:
    - mode: ingress
      target: 3000
      published: "3000"
      protocol: tcp
    restart: on-failure
  database:
    container_name: database
    environment:
      POSTGRES_PASSWORD: robeeerto
    image: postgres:14-alpine
    networks:
      backend: null
    restart: on-failure
    volumes:
    - type: volume
      source: database-data
      target: /var/lib/postgresql/data
      volume: {}
  redis:
    container_name: redis
    image: redis:7-alpine
    networks:
      backend: null
```

```
    restart: on-failure
    volumes:
    - type: volume
      source: redis-data
      target: /data
      volume: {}
  ui:
    container_name: ui
    depends_on:
      api:
        condition: service_started
    environment:
      NEXT_PUBLIC_API: http://localhost:3000
      NEXT_PUBLIC_CABLE_URL: ws://localhost:3000/cable
    image: robeeerto/todo-list-ui:latest
    networks:
      frontend: null
    ports:
    - mode: ingress
      target: 3001
      published: "3001"
      protocol: tcp
    restart: on-failure
networks:
  backend:
    name: backend
    external: true
  frontend:
    name: frontend
    external: true
volumes:
  database-data:
    name: database-data
    external: true
  redis-data:
    name: redis-data
    external: true
```

這個功能非常實用，可以幫助你在 docker compose up 之前，檢查所有的參數是不是如同所預期的一樣。可以看到 docker compose config 出來的結果，比我們所撰寫的還要更加嚴謹，而一般撰寫的docker-compose.yml已經是非常精簡的版本了。

對於 Docker Compose 來說，它需要更加詳細的啟動資料，但這都不是我們需要擔心的，Docker 在背景都處理掉了。

6.3.2 Docker Compose 的指令

最常使用到的 Docker Compose 指令如下：

```
$ docker compose up
# 根據 docker-compose.yml 的描述啟動理想的應用程式

$ docker compose up --detach
# 根據 docker-compose.yml 的描述啟動理想的應用程式，並且在背景執行

$ docker compose up --detach --build
# 與上一個的差別就在於，若是某個 service 有標記 build 以及存在 Dockerfile，將會先建置
映像檔在執行 Docker Compose，待會舉例。

$ docker compose stop
# 使 docker-compose.yml 內的所有容器進入停止狀態

$ docker compose start
# 使 docker-compose.yml 內的所有停止狀態的容器啟動

$ docker compose down
# 刪除所有 docker-compose.yml 內的容器、虛擬網路 ( external: true 不會被刪除 )

$ docker compose down --volumes
# 刪除所有 docker-compose.yml 內的容器、虛擬網路、Volume ( external: true 不會被
刪除 )
```

如果你有下載 Todo-list 的資料夾，也可以按照 README.md 上的指示，在本機啟動整個應用程式，同時應該也可以開始感受到 Docker Compose 絕對可以讓新人在

上工時，減少非常多的環境建置問題，只需要填入相對應的環境變數，並且 docker compose up 就可以進行開發了。

6.3.3 啓動應用程式前，先建置映像檔

剛剛在 Docker Compose 的指令中有提到 --build 這個參數，這裡稍微解釋一下用法，這也是本地端使用 Docker 開發時的常用指令。

本地開發時，常會有需要新增相依套件的情形發生，每次若都需要先 docker image build、再 docker image push，最後才能應用在 Docker Compose，實在是非常沒有效率。

假設我們目前開發的專案是名為「app」的 service，而在資料夾內應該也會有 Dockerfile 才是正確的情形，這時我們就可在 docker-compose.yml 檔案內這樣寫：

```
version: '3.9'

# 短寫法
services:
  app:
    build: . <- 自動找到當前目錄的 Dockerfile

# 長寫法
services:
  app:
    build:
      context: . <- 路徑
      dockerfile: Dockerfile <- 指定 Dockerfile 的檔案
```

- **context**：為路徑；「.」的意思代表「此處」，路徑為現在這個資料夾。
- **dockerfile**：為建置映像檔所需的 Dockerfile；會需要特別標示，是因為有時我們會根據不同的環境設計不一樣的 Dockerfile。像是測試環境的 Dockerfile 可能就會叫做「Dockerfile.test」，這時若是我們想要利用不同的 Dockerfile 建置不同的環境，就可以特別標示；但若是採用短寫法的話，預設就是找檔名為「Dockerfile」的 Dockerfile。

6.4 Docker Compose 的擴充欄位

說到 docker-compose.yml，還可以透過擴充欄位的方式，來降低許多重複的動作，以及寫錯字的隱藏錯誤。至於要如何撰寫，Docker 提供一個很好用的參數叫做「x-labels」，結合 YAML 本身的「<<:」語法一起使用，就能夠大幅減少重複的欄位。我們來做一個示範吧！

下面是一個簡單的 docker-compose.yml，是否注意到 networks 的欄位都是重複撰寫的，這樣在新增服務的時候不小心打錯字，就有可能發生意料之外的錯誤，相信我，「找錯字」絕對是當工程師最討厭遇到的事情。

```
version: '3.9'

services:
  app:
    image: app
    networks:
      - production
  db:
    image: db
    networks:
      - production
  redis:
    image: redis
    networks:
      - production

networks:
  production:
```

利用 x-labels，我們可以統一在最上方管理，並且用「<<:」將其安插進去：

```
version: '3.9'
```

```
x-labels: &networks <- &networks 是這個擴充欄位的命名
  networks:
    - production

services:
  app:
    image: app
    <<: *networks <- 這裡是 YAML 的語法，像是安插變數一樣
  db:
    image: db
    <<: *networks
  redis:
    image: redis
    <<: *networks

networks:
  production:
```

接著就能透過前面使用過的 `docker compose config` 來觀看，會發現 networks 如同原先的格式一樣被寫進去了，如此非常方便，而且只要改一個，就能一次全部更改，避免掉很多的隱形失誤。

```
$ docker compose config
name: example
services:
  app:
    image: app
    networks:
      production: null
  db:
    image: db
    networks:
      production: null
  redis:
    image: redis
    networks:
      production: null
```

```
networks:
  production:
    name: example_production
```

6.4.1 Docker Compose 的覆寫檔案

關於「覆寫檔案」的功能，這會應用在非常多的場景，大部分的應用程式都會分成不同階段部署，以最基本的情形來說，應該要有開發環境、測試環境以及正式環境。而以上述的情形來說，有可能衍生出三種不同的 Docker Compose 檔案，叫做「docker-compose.yml」（核心）、「docker-compose-dev.yml」（開發）、「docker-compose-production.yml」（正式）。

除了透過剛剛學過的擴充欄位，來減少不必要的複製貼上以及手動改寫的情境，還可以透過覆寫檔案來更大幅度減少所需要寫的內容。

以下將分為三個階段進行，首先最重要的是核心檔案，通常核心檔案中有的 services 到了正式環境，也八九不離十地會存在。

docker-compose.yml（核心）

作為最核心的 docker-compose.yml，把應用程式會使用到的服務都放進去，而基本設定也都先設定好：

```
version: '3.9'

services:
  app:
    build:
      context: .
      dockerfile: Dockerfile
    container_name: app
    restart: on-failure
    depends_on:
      - db
      - redis
```

```
  db:
    image: postgres:14-alpine
    container_name: db
    restart: on-failure
    volumes:
      - database:/var/lib/postgresql/data

  redis:
    image: redis:7-alpine
    container_name: redis
    restart: on-failure
    volumes:
      - redis:/data

volumes:
  database:
  redis:
```

同樣的，透過 `docker compose config` 來確認開發環境的整體設定：

```
name: example
services:
  app:
    build:
      context: /Users/RobertChang/docker/example
      dockerfile: Dockerfile
    container_name: app
    depends_on:
      db:
        condition: service_started
      redis:
        condition: service_started
    networks:
      default: null
    restart: on-failure
  db:
    container_name: db
    image: postgres:14-alpine
```

```
    networks:
      default: null
    restart: on-failure
    volumes:
    - type: volume
      source: database
      target: /var/lib/postgresql/data
      volume: {}
  redis:
    container_name: redis
    image: redis:7-alpine
    networks:
      default: null
    restart: on-failure
    volumes:
    - type: volume
      source: redis
      target: /data
      volume: {}
networks:
  default:
    name: example_default
volumes:
  database:
    name: example_database
  redis:
    name: example_redis
```

確認核心檔案沒有問題後，就可以來撰寫 docker-compose-dev.yml 開發環境的檔案。

docker-compose-dev.yml（開發）

```
services:
  app:
    ports:
      -3000:3000
```

這就是開發環境會需要撰寫的內容，非常少，可以透過 --file 的指令來覆寫 docker-compose.yml 的檔案，接著使用 docker compose config 看一下得出的結果：

```
$ docker compose --file ./docker-compose.yml --file ./docker-compose-dev.yml
config # 不換行
name: example
services:
  app:
    build:
      context: /Users/RobertChang/docker/example
      dockerfile: Dockerfile
    container_name: app
    depends_on:
      db:
        condition: service_started
      redis:
        condition: service_started
    networks:
      default: null
    ports:
    - mode: ingress
      target: 3000 <- 多了我們在 dev 覆寫的內容
      published: "3000" <- 多了我們在 dev 覆寫的內容
      protocol: tcp
    restart: on-failure
  db:
    container_name: db
    image: postgres:14-alpine
    networks:
      default: null
    restart: on-failure
    volumes:
    - type: volume
      source: database
      target: /var/lib/postgresql/data
      volume: {}
  redis:
```

```
    container_name: redis
    image: redis:7-alpine
    networks:
      default: null
    restart: on-failure
    volumes:
    - type: volume
      source: redis
      target: /data
      volume: {}
networks:
  default:
    name: example_default
volumes:
  database:
    name: example_database
  redis:
    name: example_redis
```

覆寫的順序則是由後方的覆蓋掉前方，以上方開發環境的例子來說，最前方的 `--file ./docker-compose.yml` 會是核心的檔案，而後方的 `--file ./docker-compose-dev.yml` 則是開發環境要覆寫的檔案。在開發環境下，只要確認需啟動的應用程式開啟 port 去對應到本機的 port 即可。不得不說，Docker Compose 真的非常聰明，它能夠去對應到已存在的 service，並且再覆寫上正確的資訊。

docker-compose-production.yml（正式）

到了正式環境，就不會把應用程式的 port（3000）打開到機器上，而是透過反向代理伺服器來做到發布外網的功能。以一個 Web 應用程式來說，只需要開啟 port 80 及 443，讓使用者能夠透過 HTTP 協定進入到網站即可。

而在正式環境時，應用程式也不再透過 build 的方式來建置映像檔，而是透過已經建置好的映像檔來運作，這時候的映像檔會放在像是 DockerHub 之類的映像檔儲存庫上。

下方是 docker-compose-production.yml 的檔案內容，這裡的主要目的是試著練習檔案覆寫的功能，所以重點並不在 traefik 的設定，之後的「第 8 章 部署 Web 應用程式」會稍微說明這個反向代理的伺服器。

```
services:
  proxy:
    image: traefik:v2.8
    container_name: proxy
    ports:
      - 80:80
      - 443:443
    volumes:
      - /var/run/docker.sock:/var/run/docker.sock

  app:
    image: app:production
```

一樣透過 `docker compose config` 的方式來覆寫檔案，看看正式環境下的設定是不是正確的：

```
name: example
services:
  app: <- 沒有再開啟 port 了
    build:
      context: /Users/RobertChang/docker/example
      dockerfile: Dockerfile
    container_name: app
    depends_on:
      db:
        condition: service_started
      redis:
        condition: service_started
    image: app:production
    networks:
      default: null
    restart: on-failure
```

```
db:
  container_name: db
  image: postgres:14-alpine
  networks:
    default: null
  restart: on-failure
  volumes:
  - type: volume
    source: database
    target: /var/lib/postgresql/data
    volume: {}
proxy: <- 新增的服務被覆寫上去了
  container_name: proxy
  image: traefik:v2.8
  networks:
    default: null
  ports:
  - mode: ingress
    target: 80
    published: "80"
    protocol: tcp
  - mode: ingress
    target: 443
    published: "443"
    protocol: tcp
  volumes:
  - type: bind
    source: /var/run/docker.sock
    target: /var/run/docker.sock
    bind:
      create_host_path: true
redis:
  container_name: redis
  image: redis:7-alpine
  networks:
    default: null
  restart: on-failure
  volumes:
```

```
    - type: volume
      source: redis
      target: /data
      volume: {}
networks:
  default:
    name: example_default
volumes:
  database:
    name: example_database
  redis:
    name: example_redis
```

可以看到確實如同我們想要的結果，在正式環境的服務上，加入了 traefik 這個反向代理伺服器。

6.4.2 更多有關 docker-compose.yml 的參數

礙於 docker-compose.yml 內可以加入的參數，實在是多到不行，書中只能以最基礎會使用到的參數做範例，最好的方式還是閱讀官方文件，找到自己所需要的參數，畢竟每次的專案所需要的設定都不太一樣。

我們可以透過訪問 URL https://docs.docker.com/compose/compose-file/ 頁面，找到許多有關 docker-compose.yml 內各階層的參數設定，不論是從 CPU 的使用量，到記憶體的使用量限制等，都可以針對每一個 service 做獨特的設定。我自己也不是每一個都有使用過，通常都是遇到問題了，才會從文件中找到可以幫助自己克服問題的設定。

為什麼不在核心檔案加入 port 就好？

這是因為 port 並沒有辦法被覆蓋掉，如果我們在核心檔案開啟了 port 3000，則透過覆寫的方式，到了正式環境還是會開啟 port 3000，而這就牽扯到安全的問題，一個 Web 應用程式應該把 port 收斂到 80 及 443，才是比較好的作法。

為什麼在正式環境還是有 build？

這是無法避免的問題，通常在開發環境中，我們會透過 build 的方式，來因應添加套件或是檔案更動的情形，所以去重新建置映像檔是一件經常發生的事。但在正式環境中，因為我們有指定映像檔，Docker Compose 會以映像檔為主，而不是去找 Dockerfile 來建置，所以這部分不算是一個問題。

6.5 範例一二三

本小節完全屬於演練的章節，來讓大家多多熟悉 Docker Compose 的使用。

6.5.1 透過 Docker Compose 建立 Drupal 演練

1. 使用 drupal 以及 postgres:14-alpine 兩個映像檔作為 service。
2. 把 drupal 這個服務的 port 打開到 8080，這樣你可以透過 http://localhost:8080 來進入服務。
3. 要記得 postgres 映像檔啟動時，需要 POSTGRES_PASSWORD、POSTGRES_DB、POSGRES_USER 這些環境變數，不要忘了用 Volume 來儲存資料。
4. 閱讀 Drupal 在 DockerHub 的說明，並且用 Volume 來儲存 Drupal 的設定、外觀、模組等。
5. 進入 https://localhost:8080，並完成 Drupal 的設定，且重新啟動來確認所有的 Volume 皆有作用。

說明 這個演練的目的是單純希望大家可以自己手動寫一次 docker-compose.yml，我自己也很常在學習新事物的時候，有看了都會、寫了卻不會的狀況，所以即使我們前面介紹了這麼多的 docker-compose.yml，若沒有真的寫過，還是沒辦法驗證自己真的懂了。

這次任務的目的是建立一個名為「Drupal」的內容管理系統（就像是 WordPress）搭配 PostgreSQL 作為資料庫來儲存資料。Drupal 預設的資料庫 DNS 是 localhost，但記得在 Docker 虛擬網路世界中，是透過容器的名字來當作 DNS。

6.5.2 客製化映像檔並且 Compose Up 演練

1. 撰寫 Dockerfile 以 drupal:latest 映像檔為基底。
2. 執行 `apt-get update && apt-get install -y git` 指令。
3. 接著執行 `rm -rf /var/lib/apt/lists/*`，記得使用＼及 && 來串連起一段指令，避免產生兩個映像層。
4. 接著 WORKDIR 到 /var/www/html/themes。
5. 再來執行 `git clone --branch 8.x-3.x --single-branch --depth 1 https://git.drupal.org/project/bootstrap.git`。
6. 並且串連更改權限的指令 `chown -R www-data:www-data bootstrap`。
7. 最後 WORKDIR 到 /var/www/html。
8. 在 docker-compose.yml 內加入 build 的參數，並且以 `docker compose up --build --detach` 的方式啟動。
9. 啟動後，打開瀏覽器輸入「http://localhost:8080」，點擊「外觀」按鈕，可以看到我們客製化放進去的 bootsrap 主題。

說明

在 6.5.1 的演練中，我們的映像檔是使用官方所提供的，但其實 Drupal 有提供許多精美的主題可以套用，這時候我們可以自己客製化映像檔，在啟動 Docker Compose 之前，就透過 Git 下載新的主題到 Drupal 中，以便讓我們在啟動後可以選擇好看的主題，同時也可以練習到在 docker-compose.yml 內寫 build 的參數是什麼樣的效果。

Docker Swarm

經過前幾章的介紹，現在你應該可以透過Docker及Docker Compose來打包和執行應用程式了，而在下一個章節正式部署應用程式之前，我們需要瞭解如何建立一個高可用性且穩定的環境給正式環境的應用程式。

在正式環境下，Docker Compose就顯得有些無力了，只能運作在單台機器的特性，導致當機器崩潰了，應用程式就會喪失所有的服務，容器也將隨之消失。在一些小型的服務或是自己的SideProject中，也許可以接受這些損失，但若是在一秒鐘幾十萬上下的應用程式呢？

這時就需要一個工具來幫助我們管理所有的機器及容器，或許你聽過Kubernetes這樣的容器調度工具，其功能極為強大，但學習的成本也相對較高。而Docker本身內建的「Docker Swarm」，就是Docker給出關於容器調度的解答，雖然功能不及Kubernetes，但足夠應付80%以上的挑戰。

7.1 Docker Swarm模式

首先，在終端機輸入`docker swarm init`指令：

```
$ docker swarm init
Swarm initialized: current node (4v12tg6etj3dluufyyv5uelx8) is now a
manager.

To add a worker to this swarm, run the following command:

    docker swarm join --token SWMTKN-1-29il8kravb42lbmui5aiohz9250wwd2bal2
v7vazhhz4y5uo5b-b46io0m71cl1rf5byummmopnj 192.168.65.3:2377

To add a manager to this swarm, run 'docker swarm join-token manager' and
follow the instructions.
```

7.1.1 Docker Swarm 指令說明

我們來逐行解釋這裡發生了什麼事情：

```
Swarm initialized: current node (4v12tg6etj3dluufyyv5uelx8) is now a
manager.
```

Docker 告訴我們：「現在這個 node 是一個 manager」，這裡出現了兩個在之前的章節沒有出現過的名詞，說明如下：

- **Node（節點）**：在 Docker Swarm 中的機器，以目前的情況來說，這個 Docker Swarm 有一個節點，也就是你的電腦。
- **Manager（管理者）**：擁有較高權限的節點，如同其名，它擁有管理整個 Swarm 的資格。

接著來看看第二段：

```
To add a worker to this swarm, run the following command:

    docker swarm join --token SWMTKN-1-29il8kravb42lbmui5aiohz9250wwd2bal2
v7vazhhz4y5uo5b-b46io0m71cl1rf5byummmopnj 192.168.65.3:2377
```

Docker 在輸出中提示：「可以透過下列指令把 worker 加入到現在這個 Swarm 之中」，那 worker 又是什麼呢？

- **Worker（工作者）**：純粹拿來執行服務的節點，就是產線中的工作者，只接受管理者派下來的任務並執行。

把這段新增 worker 的指令貼到終端機，並執行看看：

```
$ docker swarm join --token SWMTKN-1-29il8kravb42lbmui5aiohz9250wwd2bal2v7
vazhhz4y5uo5b-b46io0m71cl1rf5byummmopnj 192.168.65.3:2377
Error response from daemon: This node is already part of a swarm. Use
"docker swarm leave" to leave this swarm and join another one.
```

可以看到Docker給予我們的回應：「目前這個節點已經是Swarm的一部分，如果使用`docker swarm leave`指令，就可以離開Swarm」。

先試著離開Swarm：

```
$ docker swarm leave
Error response from daemon: You are attempting to leave the swarm on a node
that is participating as a manager. Removing the last manager erases all
current state of the swarm. Use `--force` to ignore this message.
```

又失敗了，Docker告訴我們：「因為這個節點是最後一個manager，離開Swarm的話，會造成目前Swarm的狀態遺失，所以如果要離開的話，請加入`--force`指令」。

加入`--force`，先離開Swarm：

```
$ docker swarm leave --force
Node left the swarm
```

7.1.2 Docker Swarm的狀態

剛才要離開Swarm的時候，Docker提示：「如果最後一個manager也離開的話，就會造成目前Swarm的狀態遺失」，這是什麼意思呢？還記得在「第5章Docker Volume」中提過關於有狀態與無狀態這件事，最重要的就是「資料的永續性」，以便讓某一個物件保持狀態。

可以看到圖7-1中的上半部屬於manager的區塊，有著一個Internal distributed state store（分散式資料庫），而每一個manager都和資料庫有著連接。

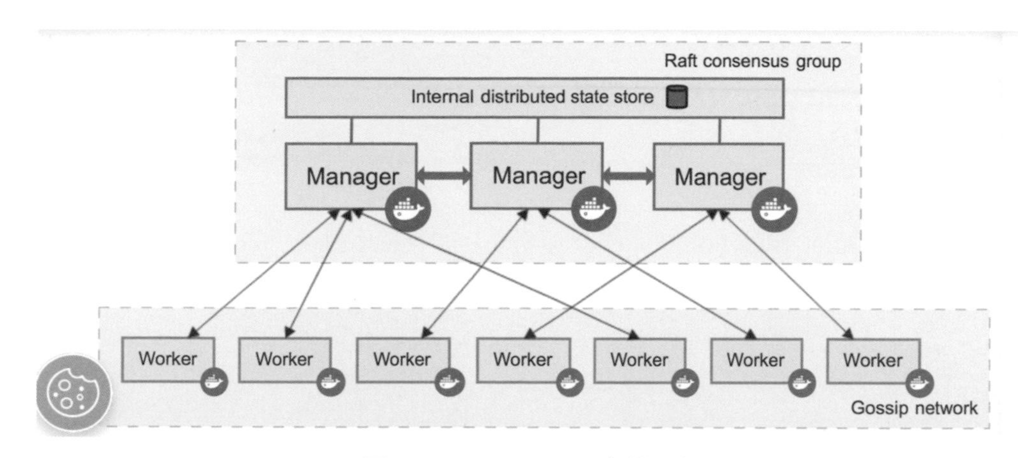

❖圖 7-1 Docker Swarm 架構示意圖

這個分散式的資料庫是拿來做什麼呢？其功能主要是記錄整個 Docker Swarm 的詳細資訊，包含應用程式的預期狀態、worker 所回傳的資料（服務是否完成）、有哪些節點屬於這個 Swarm、哪些工作應該要分配給哪些節點等，可以說是整個 Swarm 保持狀態的核心，這也是為什麼 Docker 會警告最後一個 manager 離開時，會造成目前 Swarm 的狀態遺失，因為當最後一個 manager 離開，這個 Docker Swarm 也會隨之解散，想當然爾，儲存的資料將會一併被抹去。

接著，稍微提一下在 manager 區塊的右上角有一段「Raft conesensus group」，Raft 本身是一種非常有趣的演算法（共識演算法），目的是當一個叢集中有多個節點組成時，讓每個節點都維護相同的狀態，這也是 Docker Swarm 如何讓不同的 manager 間可以達到一致性的主要原因，這裡就不深入探討了，只要知道透過這個 Raft 演算法，Manager Node 之間的資訊會保持一致。

至於什麼樣的機器能夠加入 Docker Swarm 呢？只要可以安裝 Docker，不論是物理上的機器或是雲端的虛擬機器，亦或是 Windows、macOS、Linux 等作業系統，這些都不重要，重要的是只要它們可以安裝 Docker，就可以加入 Docker Swarm。

7.2 Swarm 模式下的容器

在前幾個章節中，都是使用 docker container run 來執行一個獨立的容器，而在 Docker Swarm 的模式之下，有了新的物件可以來執行容器。

7.2.1 可執行多個容器的 Service 物件

這裡先回到 Swarm 模式：

```
$ docker swarm init
Swarm initialized: current node (ne5cwloz00by50gvyh3hj74qt) is now a
manager.

To add a worker to this swarm, run the following command:

    docker swarm join --token SWMTKN-1-1mmrll6hucyytwlv3p06lvbap84ihgm2rqu
ql0952mhloczirw-9fcoakk5hvwwonw7q5cko7p4q 192.168.65.3:2377

To add a manager to this swarm, run 'docker swarm join-token manager' and
follow the instructions.
```

這個新物件叫做「Service」(服務)，在前幾章節的 docker container run 只能夠一次啟動一個容器，缺乏彈性，而 docker service create 則是拿來解決這個問題的答案。

輸入下方的指令來看看感覺如何：

```
$ docker service create --name nginx --publish 8080:80 --detach --replicas
3 nginx
sltqjrnlc9cflvm2a4hqgmbqq
```

接著使用 docker service list 指令來列出 service 物件：

```
$ docker service list
ID            NAME   MODE        REPLICAS IMAGE   PORTS
sltqjrnlc9cf  nginx  replicated  3/3      nginx   *:8080->80/tcp
```

在啟動 service 時，加入了一個之前沒有看過的參數 --replicas，也就是「副本」的意思，這裡要求要複製三個 nginx 的映像檔執行而成的容器，如圖 7-2 所示。

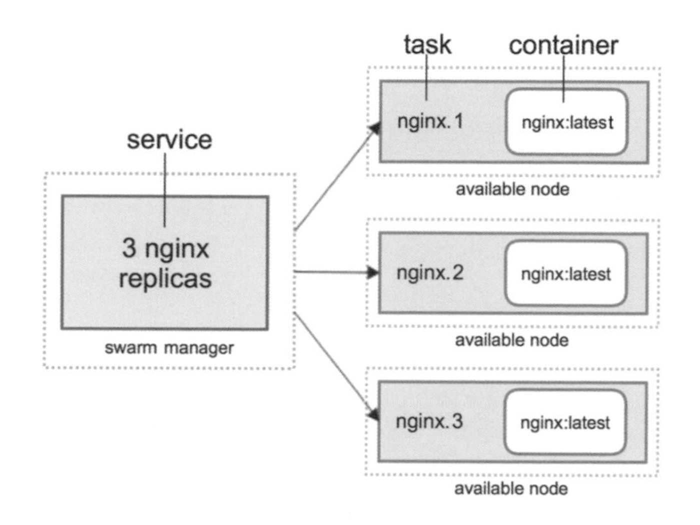

❖圖 7-2　Docker Servcie

在 Manager Node 上執行了建立 Servcie 的指令，這個指令將會根據副本的數量而拆分成該數量的任務。以這個例子來說，就是建立了一個 Servcie，而這個 Service 裡面則有三個任務，每個任務裡面都是 nginx:latest 映像檔執行而成的容器。

Manager Node 會想按照擁有的節點數量，想辦法分配到每一個節點上，而因為目前在自己的電腦上執行，所以只有一個節點，這樣就會把三個容器都座落在這個節點上。這裡可以使用之前所學，列出所有的容器來看看：

```
$ docker container list
CONTAINER ID   IMAGE  COMMAND    CREATED STATUS  PORTS   NAMES
4d535277f940   nginx  "/docker"  8 min   Up 8..  80/tcp  nginx.1..
208142908eee   nginx  "/docker"  8 min   Up 8..  80/tcp  nginx.2..
627ecb54c131   nginx  "/docker"  8 min   Up 8..  80/tcp  ngnix.3..
```

如此稍微覺得安心一點了，至少它還是熟悉的樣子，只是透過 Docker Swarm 的 API 來做一些之前沒辦法做的事。

7.2.2 Docker Swarm 分配任務的流程

前面有提到 Docker Swarm 會平均分配任務（容器）到每一個節點上，那它是如何做到的呢？我們根據圖 7-3 的 Docker 官方圖片來說明流程。

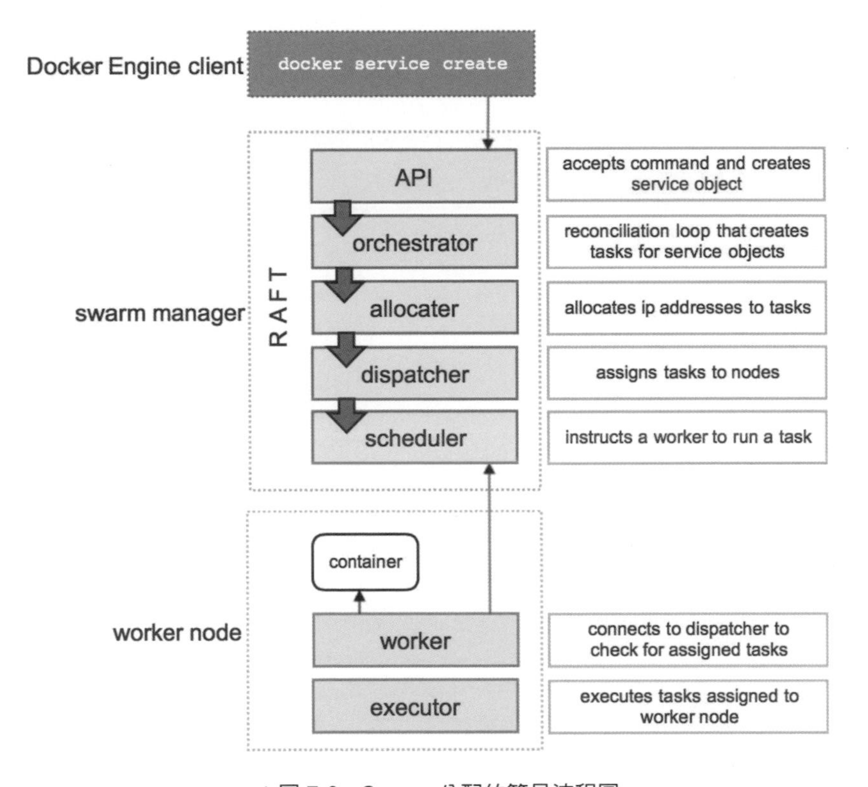

❖圖 7-3　Swarm 分配的簡易流程圖

圖 7-3 中，在 Client 端（也就是我的電腦）把 `docker service create` 指令送到 Docker Swarm 之中，而 Manager Node 則會接受這個 Service 的預期狀態。以前面的例子來說，預期狀態就是**對應到本機的 port 8080 以及命名為 nginx 還要在背景執行，並且要有三個副本**。

接著會進入到 Orchestrator（調度者），負責建立 Service，不斷監視著其建立的 Service 物件，並且想辦法維持 Servie 的預期狀態。假設今天某一個節點的 nginx 容器壞掉了，這時候 Orchestrator 就會發現，並且補上另外一個 nginx 容器，來滿足預期狀態中的三個副本。

下面可以實驗一下 Orchestrator 有沒有在偷懶，剛剛有確認過本機的 nginx 容器有三個，而 `docker service list` 中也顯示 REPLICAS 是 3/3，也就是滿足預期狀態的三個副本。

這時有一個推薦的工具叫做「watch」，可以自動刷新某一個指令的結果，macOS 的讀者們可以透過 `brew install watch` 來安裝這個工具；Linux 的用戶則根據你們的套件管理工具安裝 watch。

接著可以打開兩個終端機，其中一個輸入下方指令，就可以不用手動一直去輸入 `docker service list` 來看狀態的改變：

```
# 第一個終端機拿來監測 docker service list

$ watch docker service list
Every 2.0s: docker service ls
Roberts-MacBook-Pro.local: Tue Oct  4 01:12:56 2022

ID             NAME   MODE         REPLICAS   IMAGE   PORTS
sltqjrnlc9cf   nginx  replicated   3/3        nginx   *:8080->80/tcp
```

另一個終端機則是先列出所有容器，並且用 Container ID 強制刪除掉其中一個：

```
# 第二個終端機拿來執行動作
$ docker container list
CONTAINER ID   IMAGE   COMMAND     CREATED STATUS   PORTS    NAMES
4d535277f940   nginx   "/docker"   8 min   Up 8..   80/tcp   nginx.1..
208142908eee   nginx   "/docker"   8 min   Up 8..   80/tcp   nginx.2..
627ecb54c131   nginx   "/docker"   8 min   Up 8..   80/tcp   ngnix.3..

$ docker container rm --force 4d535
4d535
```

刪除掉的瞬間，會看到另一個終端機的畫面有所變動，如下所示，REPLICAS 變成 2/3，代表 Orchestrator 沒有在偷懶，它有檢查到突然少了一個副本：

```
# 第一個終端機拿來監測 docker service list
$ watch docker service list
Every 2.0s: docker service ls
Roberts-MacBook-Pro.local: Tue Oct  4 01:12:56 2022

ID             NAME    MODE         REPLICAS   IMAGE    PORTS
sltqjrnlc9cf   nginx   replicated   2/3        nginx    *:8080->80/tcp
```

大概過了3秒左右，神奇的事情發生了，會發現第一個終端機又變回了3/3的REPLICAS：

```
# 第一個終端機拿來監測 docker service list
$ watch docker service list
Every 2.0s: docker service ls
Roberts-MacBook-Pro.local: Tue Oct  4 01:12:56 2022

ID             NAME    MODE         REPLICAS   IMAGE    PORTS
sltqjrnlc9cf   nginx   replicated   3/3        nginx    *:8080->80/tcp
```

這就是Orchestrator在做的事情，不斷檢查其建立的Servcie物件有沒有出現不符合預期狀態的情況發生，一旦發現，就會重複圖7-3中Manager Node的流程，透過allocator來分配IP位置給任務（Task），然後dispatcher會把任務傳遞給Orchestrator分配好的節點，最後scheduler會告訴Worker Node該如何執行這個任務。而Worker Node除了乖乖執行任務之外，還會回報任務的執行狀況給Manager Node，讓整個Swarm保持在一個不斷同步資訊的情境下。

7-3 Docker Swarm 指令

這裡會帶大家使用一些在Swarm模式下常見的指令，並且熟悉Swarm模式的運作方式。下方的指令可以列出目前的Swarm中有幾個節點，也會有關於這個節點的資訊，是Manager還是Worker，以及該節點的Docker版本為何。

```
$ docker node list
ID       HOSTNAME STATUS AVAILABILITY MANAGER STATUS ENGINE VERSION
ne5c... doc....  Ready  Active       Leader         20.10.17
```

還記得一開始我們執行 docker swarm init 之後，會產生一段特別的 Token，讓我們可以把其他的機器加入 Swarm 成為節點，但若不是在執行 docker swarm init 時加入電腦，而是在運作了一段時間後需要加入新節點，該怎麼做呢？

透過 docker swarm join-token 指令，後方可以放 manager 或是 worker 兩個參數，就會產生相對應的 Token，讓我們可以加新的機器到 Swarm 之中：

```
$ docker swarm join-token manager/worker
To add a manager/worker to this swarm, run the following command:

    docker swarm join --token SWMTKN-1-1mmrll6hucyytwlv3p06lvbap84ihgm2rqu
ql0952mhloczirw-en5o6gf8igzu4syt9g0vmeol8 192.168.65.3:2377
```

還記得前幾個章節中，我們在使用容器時，若是要更新容器的設定，都需要重新啟動容器，以便新的設定可以套用到容器內。而在 Swarm 模式下的 Service，已經不需要這麼做了，可以使用 docker service update 指令，讓 Swarm 幫我們更新設定及重啟容器，且中間完全不會有任何的空檔出現。

即使在正式環境中，也可以在有使用者的情形下更新服務，而使用者不會察覺更新的異狀。像是下方指令，可以在原先啟動的 nginx Service 內添加環境變數：

```
$ docker service update --env-add NAME=robert nginx
nginx
overall progress: 3 out of 3 tasks
1/3: running   [==================================================>]
2/3: running   [==================================================>]
3/3: running   [==================================================>]
verify: Service converged
```

還可以透過 docker service ps 的指令，來看到 Swarm 替換容器的過程：

```
$ docker service ps nginx
ID      NAME          IMAGE  NODE    DES...  CURRE...  ERROR PORTS
m7l9... nginx.1       nginx  desktop Running Runn....
m2z....    \_ nginx.1 nginx  desktop Running Shut....
hwy.... nginx.2       nginx  desktop Running Runn....
s2d....    \_ nginx.2 nginx  desktop Running Shut....
2bn.... nginx.3       nginx  desktop Running Runn....
oxd....    \_ nginx.3 nginx  desktop Running Shut....
```

透過終端機畫面，可以很清楚看出有三個舊的容器被替換掉了，當然也要來驗證看看環境變數是否有真的如同預期一般進入新的容器內：

```
$ docker container list
CONTAINER ID    IMAGE COMMAND      CREATED   STATUS  PORTS      NAMES
8152c.......    nginx "/dock..."   6 mi...   Up...   80/tcp     nginx.1
a783c.......    nginx "/dock..."   6 mi...   Up...   80/tcp     nginx.2
74552.......    nginx "/dock..."   6 mi...   Up...   80/tcp     nginx.3
```

接著我們像以前一樣進入其中一個容器：

```
$ docker container exec --interactive --tty 8152 bash
root@8152cc109eae:/# echo $NAME
robert
```

環境變數確實新增了，這是怎麼辦到的呢？

7.3.1 Service 的滾動更新

Docker Swarm 預設更新 Service 的模式，是先從編號 1 容器開始關閉，並且再啟動擁有新設定的編號 1 容器，接著才是編號 2，以此類推，所以無時無刻都會有 nginx 服務的容器存在，服務才不會斷檔。這時你或許會有疑問，那是因為這個 Service 有三個副本，才能夠做到服務不斷檔，但我的 Service 若只有一個副本呢？

這時可以使用 `--update-order` 參數，我們可以告訴 Swarm 所希望更新時的順序，這裡 Docker 官方有兩種設定，分別是「start-first」及「stop-first」。

start-first 和前面提到的更新模式不同，不會先關閉編號 1 的容器，而是先製作一個擁有新設定的編號 1 容器，才關閉舊的編號 1 容器，這裡一樣可以使用前面介紹過的 watch 套件來觀看，在 docker container list 時會發現，突然變成四個 nginx 的容器，接著又變成三個。至於 stop-first，則和預設的行為一樣，採取先關閉、後啟動的方式。

其實，更新還有非常多的參數可以嘗試，之後我們會寫得更加詳細，這裡是希望大家對於 Service 更具有概念一些，在 Swarm 的模式下，可以想像成一個功能更強的容器，雖然不一樣，但在一開始進入到 Swarm 時，可以用這樣的思維去使用，才不會覺得綁手綁腳。

7.3.2 刪除 Service

我們來結束 Service 的生命週期：

```
$ docker service rm nginx
nginx
```

最棒的是，Swarm 還會自動幫我們把容器加上 --rm 的指令，也就是我們在結束 Service 後，並不需要擔心滿山滿谷的停止容器占據硬碟。

整個 Swarm 模式下的指令雖然看似變多變複雜，但使用習慣後，就如同使用容器一樣，多了更多可以設定的參數。在下一小節中，我們將會利用 DigitalOcean 來嘗試建立一個小型的叢集，不然一直在本機上嘗試，好像沒有真的看到 Swarm 的方便之處。

7.4 正式建立叢集

本小節將會用 Digital Ocean 雲端架構供應商所提供的虛擬伺服器作為叢集的教學，同時也正式脫離本機來到真正的網際網路世界。

7.4.1 註冊帳號

|STEP| **01** 進到Google的搜尋框，輸入Digital Ocean的第一個結果，或是輸入網址「https://www.digitalocean.com」。進入到首頁後，點擊右上角的「Sign Up」按鈕。

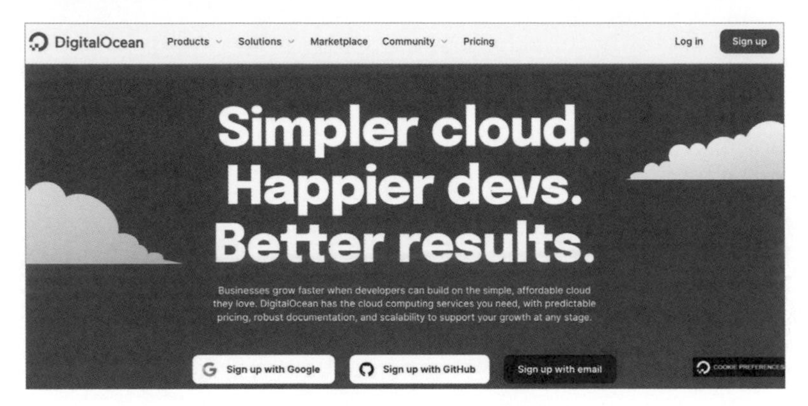

❖圖 7-4　DigitalOcean 首頁

|STEP| **02** 經過註冊基本資訊以及輸入信用卡號後，會進到如圖 7-5 所示的頁面，也就是整個帳號的主控台，如果不想輸入信用卡的人，也可以不要註冊，直接看接下來的實作細節就可以了。

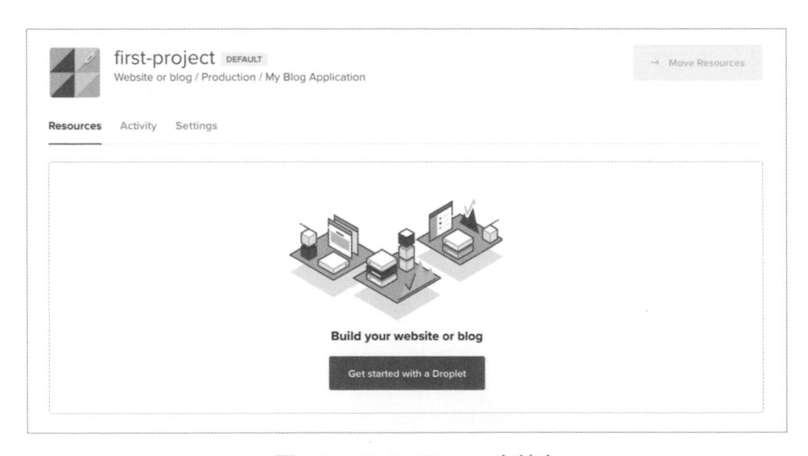

❖圖 7-5　DigitalOcean 主控台

|STEP| 03 點擊「Get started with a Droplet」，開始選擇作業系統以及伺服器需要的硬體設施。這裡選最便宜方案，因為只是拿來練習 Docker Swarm，也避免讀者們不小心忘記關掉伺服器，被 DigitalOcean 收費時，不會太心痛（切身之痛）。

❖圖 7-6　選擇伺服器規格

|STEP| 04 往下滑會有一個「Choose Authentication Method」的選項，我們選擇「SSH Key」，然後點擊「 Add SSH Key」，會看到如圖 7-7 所示的畫面。

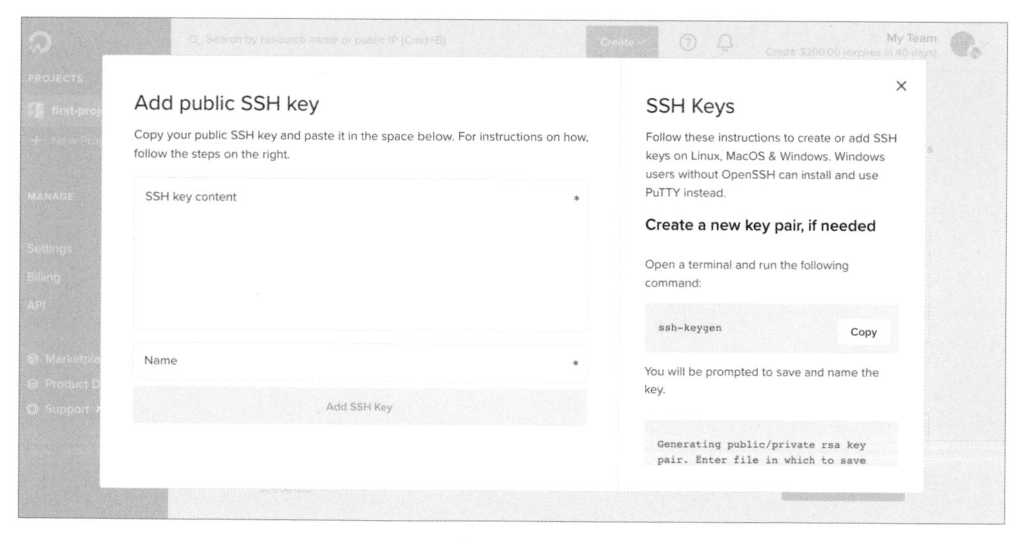

❖圖 7-7　新增公開的 SSH Key

SSH的全名為「Secure Shell」，是一個網路的通訊協定，簡單來說，是能夠讓本地的電腦與遠端的伺服器進行加密的連線。而如何加密呢？就是將自己電腦產生的公鑰交給對方。以上面的例子來說，就是讓DigitalOcean能夠確認是真的使用者要和伺服器建立連線，而不是一個隨便的路人。至於詳細內容如何加密，這裡則不多加贅述，只要知道SSH是一個現代常用的通訊協定，且非常安全即可。

雖然DigitalOcean旁邊有教學如何產生公鑰及私鑰，但這裡還是簡單說明一下。輸入下方指令：

```
$ ssh-keygen
Generating public/private rsa key pair.
Enter file in which to save the key (/root/.ssh/id_rsa): 按 Enter
Created directory '/root/.ssh'.
Enter passphrase (empty for no passphrase): 按 Enter
Enter same passphrase again: 按 Enter
Your identification has been saved in /root/.ssh/id_rsa
Your public key has been saved in /root/.ssh/id_rsa.pub
The key fingerprint is:
SHA256:+fTrUo3UY4vezwwa9SJP6cwx1sERns62DjQqSn4haRo root@d56dc36e1123
The key's randomart image is:
+---[RSA 3072]----+
|               . |
|              . o|
|             . + |
|         .  . B .|
|        S .. B.O |
|     E + + .*.=+o|
|      +...o++oO.o|
|     .o ..o .%+B |
|       o.  o+ =o+|
+----[SHA256]-----+

# 以上就已經產生完公鑰以及私鑰了

root@d56dc36e1123:/# cat ~/.ssh/id_rsa.pub <- 複製你的公鑰
ssh-rsa AAAAB3NzaC1yc2EAAAADAQABAAABgQDQIcJ5lthUaon/bwJPS5eXFsIrUwjiwPzRTH
hPCtDkk4Nlt2VWkFVOnkBvr5xYO6UQ8o0Wbhw9jWtHE/ZE7/SNUC0p1xzu0gucuygqS5aIivn+
P0aOaOJW7pB9Ca6Z74XrnZAKgTiDMFhBwTJ78amx5sU1CvV8u90ENtX3oG7KpZsyHOtsVzpLCK
```

```
KZopfMr8//mjI5bPc8mp1+rGcIi9h3elfknug9mL2plpui0ckENs9rp8qLbUYICPVXXglQuXhA
6pjDp2Qj922w7aJ3cc6PXfFKh1YYU2udixKE27gRrQhw0iTauv6xFLKKe1ksFHa+cgGFeFswVi
drKxxUMiYkpoyhdKWtpbZurD8ttEzoYQkUUkA4yN9IGdka6TYEaealpq2KvJ48Es02+qj6G8F9
xNNro1oabdmz2o58aXlRqJn0INfyMa5DLPEzaIlRXFieD79/OZOSWY7d/AcEZCLDxY+r6aUNGp
vB3dRZYXIX9+QsLDfdEEzNOCpuNp9vSAE= root@d56dc36e1123

# 把上面那一整串貼到 DigitalOcean，不是貼我的，貼你自己電腦的
```

貼完之後，記得輸入這組Key，放在DigitalOcean的名字，像我就取名為「MacBook」，任何名稱都可以，看你的心情。

|STEP| 05 接著選擇數量，一次直接開三台，這樣才有叢集的感覺，其實也可以開十台，反正練習完就關掉了。

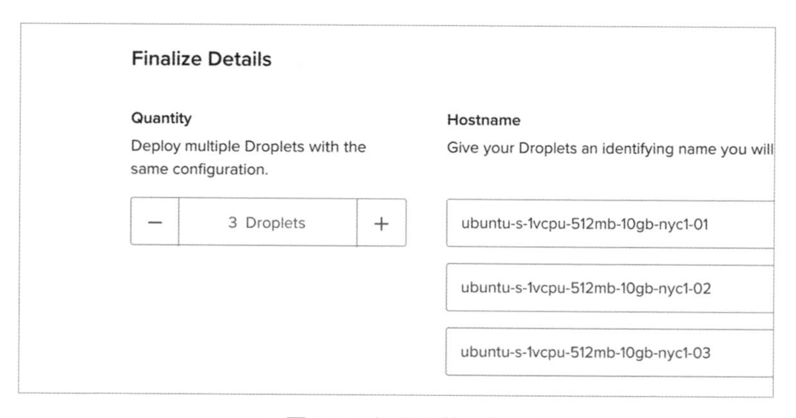

❖圖 7-8　伺服器數量選擇

|STEP| 06 按下右下角的「Create」按鈕後，就會回到主控台。等待伺服器安裝好後，就會看到每一台機器都有屬於自己的 IP 位置。

❖圖 7-9　伺服器安裝完成

我們透過 SSH 的方式來連接到這三台伺服器：

```
$ ssh root@178.128.127.229 <- 格式為 使用者名稱 @ 伺服器的 IP 位置
The authenticity of host '178.128.127.229 (178.128.127.229)' can't be
established.
ED25519 key fingerprint is SHA256:0CQngjOObUEtqAmG2sg1AwN37V8UuF2Ylg3pDugi/cs.
This key is not known by any other names
Are you sure you want to continue connecting (yes/no/[fingerprint])? 這裡輸
入 yes
Warning: Permanently added '178.128.127.229' (ED25519) to the list of known
hosts.
Welcome to Ubuntu 22.04 LTS (GNU/Linux 5.15.0-41-generic x86_64)

 * Documentation:  https://help.ubuntu.com
 * Management:     https://landscape.canonical.com
 * Support:        https://ubuntu.com/advantage

  System information as of Tue Oct  4 16:50:29 UTC 2022

  System load:  0.0               Users logged in:       0
  Usage of /:   16.0% of 9.51GB   IPv4 address for eth0: 178.128.127.229
  Memory usage: 44%               IPv4 address for eth0: 10.15.0.6
  Swap usage:   0%                IPv4 address for eth1: 10.104.0.3
  Processes:    93

0 updates can be applied immediately.



The programs included with the Ubuntu system are free software;
the exact distribution terms for each program are described in the
individual files in /usr/share/doc/*/copyright.

Ubuntu comes with ABSOLUTELY NO WARRANTY, to the extent permitted by
applicable law.

root@ubuntu-s-1vcpu-512mb-10gb-sgp1-01:~#
```

到這裡就正式進入到 DigitalOcean 的伺服器中，其他兩個伺服器也是比照辦理，就不示範了。

要在每一台伺服器上安裝 Docker，就像回到一開始的「安裝 Docker」，因為這裡的作業系統都是 Ubuntu，所以我們直接使用腳本來安裝最新版本的 Docker：

```
root@ubuntu-s-1vcpu-512mb-10gb-sgp1-01:~# curl -fsSL https://get.docker.
com -o get-docker.sh <- 不換行
# 沒有反應是正常的，這裡只是下載了腳本

root@ubuntu-s-1vcpu-512mb-10gb-sgp1-01:~# sh get-docker.sh
# Executing docker install script, commit:
4f282167c425347a931ccfd95cc91fab041d414f
+ sh -c apt-get update -qq >/dev/null
+ sh -c DEBIAN_FRONTEND=noninteractive apt-get install -y -qq apt-
transport-https ca-certificates curl >/dev/null
....
To run the Docker daemon as a fully privileged service, but granting non-
root
users access, refer to https://docs.docker.com/go/daemon-access/

WARNING: Access to the remote API on a privileged Docker daemon is
equivalent
         to root access on the host. Refer to the 'Docker daemon attack
surface'
         documentation for details: https://docs.docker.com/go/attack-
surface/

================================================================

root@ubuntu-s-1vcpu-512mb-10gb-sgp1-01:~# docker version
Client: Docker Engine - Community
 Version:           20.10.18
 API version:       1.41
 Go version:        go1.18.6
 Git commit:        b40c2f6
 Built:             Thu Sep  8 23:11:43 2022
```

```
 OS/Arch:           linux/amd64
 Context:           default
 Experimental:      true

Server: Docker Engine - Community
 Engine:
  Version:          20.10.18
  API version:      1.41 (minimum version 1.12)
  Go version:       go1.18.6
  Git commit:       e42327a
  Built:            Thu Sep  8 23:09:30 2022
  OS/Arch:          linux/amd64
  Experimental:     false
 containerd:
  Version:          1.6.8
  GitCommit:        9cd3357b7fd7218e4aec3eae239db1f68a5a6ec6
 runc:
  Version:          1.1.4
  GitCommit:        v1.1.4-0-g5fd4c4d
 docker-init:
  Version:          0.19.0
  GitCommit:        de40ad0

root@ubuntu-s-1vcpu-512mb-10gb-sgp1-01:~# docker compose version
Docker Compose version v2.10.2
```

安裝完後，養成好習慣，使用`docker version`及`docker compose version`兩個指令來確認安裝結果。

三台伺服器都安裝完Docker後，就可以挑其中一台來執行`docker swarm init`：

```
root@ubuntu-s-1vcpu-512mb-10gb-sgp1-01:~# docker swarm init
Error response from daemon: could not choose an IP address to advertise
since this system has multiple addresses on interface eth0 (178.128.127.229
and 10.15.0.6) - specify one with --advertise-addr
```

這裡出現了錯誤訊息：「這個機器的網路介面上有太多的IP位置，叫我們綁定其中一個」，使用顯示在主控台上的IP位置，並且搭配 `--advertise--addr` 參數來使用：

```
root@ubuntu-s-1vcpu-512mb-10gb-sgp1-01:~# docker swarm init --advertise-
addr 178.128.127.229
Swarm initialized: current node (wuqi9exd0f71uah8dcpdvgtw4) is now a
manager.

To add a worker to this swarm, run the following command:

    docker swarm join --token SWMTKN-1-3wcrndo9pz9akrgdfxnlqpp2fibyt4xaat13
nqn5b0fmkqfrv3-d8yd0nwji5dulrfbp3g5d0ibq 178.128.127.229:2377

To add a manager to this swarm, run 'docker swarm join-token manager' and
follow the instructions.
```

成功開啟了Swarm模式，接著把其他兩個伺服器也加入Swarm之中，複製整段指令貼到另外兩台伺服器：

```
root@ubuntu-s-1vcpu-512mb-10gb-sgp1-02:~# docker swarm join --token
SWMTKN-1-3wcrndo9pz9akrgdfxnlqpp2fibyt4xaat13nqn5b0fmkqfrv3-
d8yd0nwji5dulrfbp3g5d0ibq 178.128.127.229:2377
This node joined a swarm as a worker.

root@ubuntu-s-1vcpu-512mb-10gb-sgp1-03:~# docker swarm join --token
SWMTKN-1-3wcrndo9pz9akrgdfxnlqpp2fibyt4xaat13nqn5b0fmkqfrv3-
d8yd0nwji5dulrfbp3g5d0ibq 178.128.127.229:2377
This node joined a swarm as a worker.
```

回到第一台的伺服器，輸入 `docker node list` 指令，這次會和在本機練習的感受不同：

```
root@ubuntu-s-1vcpu-512mb-10gb-sgp1-01:~# docker node list
ID          HOSTNAME  STATUS  AVAILABILITY MANAGER STATUS   E.V
wuqi... * ubun....  Ready   Active       Leader           20.10.18
```

```
png7...    ubun....   Ready   Active                      20.10.18
fdmx...    ubun....   Ready   Active                      20.10.18
```

在其他的伺服器中，輸入 `docker node list` 指令來試試看：

```
root@ubuntu-s-1vcpu-512mb-10gb-sgp1-02:~# docker node list
Error response from daemon: This node is not a swarm manager. Worker nodes
can't be used to view or modify cluster state. Please run this command on
a manager node or promote the current node to a manager.
```

這些被加入的節點不是manager的角色，所以不能夠查看節點的列表，Docker指示我們去manager的節點執行這個指令，或是把現在這個節點升級成manager，那就讓我們來試著替這個節點升級：

```
root@ubuntu-s-1vcpu-512mb-10gb-sgp1-01:~# docker node promote
png7umuzpg64fvxoa5ynxgmn6
Node png7umuzpg64fvxoa5ynxgmn6 promoted to a manager in the swarm.
```

`docker node promote` 後面要接的是節點的ID，接著在節點的列表中，就可以看到第二台伺服器被升級成Reachable的狀態，這和Leader差在哪裡呢？這和我們前面所提過的Raft演算法（共識演算法）有關，Raft演算法需要一個Leader來接受資訊並調度，之後再將資訊和其他節點同步，而其他的節點則為Reachable的節點，但實際上它們的職位都是Manager，可以做的事情也一樣，只是在底層運作的角色有些不同罷了。

再把三個機器都升級成Manager後，就來建立Nginx的Service，並且透過docker service ps的指令，可以看到Swarm確實把每一個Task都分配到不同的節點上，不像本機因為沒有地方可以分配，而全部塞在一起：

```
root@ubuntu-s-1vcpu-512mb-10gb-sgp1-01:~# docker service create --publish
8080:80 --detach --name nginx --replicas 3 nginx
um6dcfyyecxlxfv1xwkjn47dy

root@ubuntu-s-1vcpu-512mb-10gb-sgp1-01:~# docker service ps nginx
```

```
ID      NAME     IMAGE NODE DESIRED STATE CURRENT STATE ERROR PORTS
p415.. nginx.1 nginx 03    Running       Runnin...
uhgk.. nginx.2 nginx 01    Running       Runnin...
3418.. nginx.3 nginx 02    Running       Runnin...
```

如果在這台 Leader 上輸入 `docker container list` 指令的話，也會看到只有一個容器在機器上：

```
root@ubuntu-s-1vcpu-512mb-10gb-sgp1-01:~# docker container list
CONTAINER ID IMAGE      COMMAND     CREATED  STATUS   PORTS   NAMES
2819affa..   nginx:lat "/docke.." 7 mi..   Up 7... 80/tcp nginx.2
```

透過 DigitalOcean 的 IP 位置，可以直接輸入網址「http://178.128.127.229:8080/」（你的 IP 位置不會一樣），會看到熟悉的 nginx 畫面，畫面我就不貼出來了，相信這本書的 nginx 範例大家也沒有少看。

7.4.2 內建的 Load Balance

現在我們認知到每一個節點都有一個 nginx 的容器，而 Docker Swarm 其實會自動幫我們做 Load Balance，如果單一節點流量過大的時候，會把請求分配到比較閒的節點，我們要如何驗證這件事呢？

首先，可以透過 `docker service logs --follow` 指令來觀看整個 Service 的 Log，也就是三個容器一次滿足的意思：

```
root@ubuntu-s-1vcpu-512mb-10gb-sgp1-01:~# docker service logs --follow
nginx <- 不換行
nginx.1.ieqxxsom5j23@ubuntu-s-1vcpu-512mb-10gb-sgp1-03    | 10.0.0.2 -
- [05/Oct/2022:17:01:37 +0000] "GET / HTTP/1.1" 304 0 "-" "Mozilla/5.0
(Macintosh; Intel Mac OS X 10_15_7) AppleWebKit/537.36 (KHTML, like Gecko)
Chrome/105.0.0.0 Safari/537.36" "-"
nginx.1.ieqxxsom5j23@ubuntu-s-1vcpu-512mb-10gb-sgp1-03    | 10.0.0.2 -
- [05/Oct/2022:17:01:37 +0000] "GET / HTTP/1.1" 304 0 "-" "Mozilla/5.0
(Macintosh; Intel Mac OS X 10_15_7) AppleWebKit/537.36 (KHTML, like Gecko)
Chrome/105.0.0.0 Safari/537.36" "-"
```

可以看到最前面是 nginx.1 這個容器接受到的請求，但我們回頭想一下，這個 IP 位置的容器是 nginx.2 才對，怎麼回應的會是別的伺服器的容器，透過圖 7-10，我們知道原來是 ingress 這個虛擬網路做的好事。

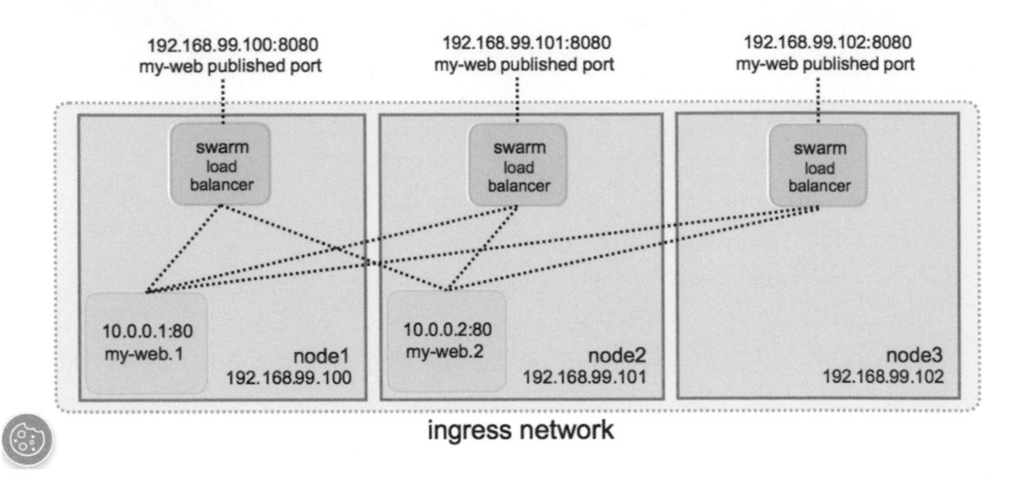

❖圖 7-10　ingress network 示意圖

圖 7-10 中顯示出即使輸入的 IP 位置沒有容器的存在，也會透過 Docker Swarm 的 Load Balancer，把請求導過去在同個 port 有服務的節點。

而我們的例子則是透過 Load Balancer，即使輸入的 IP 位置是 nginx.2 容器的節點，它也不像是傳統的一對一這麼單純，而是會自動導流，可以開個 `docker service logs --follow nginx`，並且不斷重新整理網頁，會看到 Log 不斷地切換到不同的容器來接受請求。

至於 ingress network 是什麼呢？

7.5 Overlay 虛擬網路

上一小節中，我們學會利用一個 Leader 在不同的伺服器（節點）上建立容器，值得開心的是我們已經脫離了本機，是真正的活在網際網路的世界中。

上一小節的最後提到Docker Swarm的Load Balancer是透過ingress這個虛擬網路，而ingress本身是一個overlay的虛擬網路，這是什麼意思呢？在「第3章 Docker虛擬網路」中，有稍微說到 --driver 參數，那時我們提到Docker的虛擬網路預設的driver是bridge，而在Swarm模式預設的driver就是overlay。透過我們熟悉的 docker network list 指令可以看到：

```
root@ubuntu-s-1vcpu-512mb-10gb-sgp1-01:~# docker network list
NETWORK ID     NAME              DRIVER    SCOPE
15dfc06fe9c2   bridge            bridge    local
ad60906fa047   docker_gwbridge   bridge    local
51af213b6973   host              host      local
dpzji5vg6tba   ingress           overlay   swarm <- ingress
7d7e4e646833   none              null      local
```

還記得在「第6章 Docker Compose」中，有練習過使用Drupal內容管理系統搭配PostgreSQL來建立一個服務嗎？這次就改用Docker Swarm來試試看，並且讓使用Docker Compose的經驗複製到Docker Swarm上，我覺得這點在一開始使用Docker Swarm是很重要的，複製一個相似的成功經驗，並且在新的功能上開始實踐。

因為是跨越節點的容器溝通，所以就像Compose章節一樣，先建立一個虛擬網路，但這次是指定用overlay當作driver：

```
root@ubuntu-s-1vcpu-512mb-10gb-sgp1-01:~# docker network create --driver
overlay dev
o2tqlvo77qxaj6uha582f4qvk
```

接著我們先啟動「postgres:14-alpine」的服務，不需要開啟port對外，這在之前就有強調過很多次了，在同一個虛擬網路內，並不需要從外部進行連線，所以不需要 --publish：

```
root@ubuntu-s-1vcpu-512mb-10gb-sgp1-01:~# docker service create --name pg
--network dev --env POSTGRES_PASSWORD=password postgres:14-alpine
ozqc5f76qqni0s1j3zkm7avir
```

```
overall progress: 1 out of 1 tasks
1/1: running
verify: Service converged
```

接著再啟動「drupal:7.92」這個服務，這次就要使用 `--publish`，因為這是我們對網際網路世界的接口，讓我們來啟動吧：

```
root@ubuntu-s-1vcpu-512mb-10gb-sgp1-01:~# docker service create --name
drupal --network dev --publish 80:80 drupal:7.92
sb009p41427rd11u6pi89522x
overall progress: 1 out of 1 tasks
1/1: running   [==================================================>]
verify: Service converged
```

我們可以透過伺服器的 IP 位置進入到服務中，就到了熟悉的 Drupal 設定畫面，這裡選用比較迷你的 drupal 版本，是因為考量到我們在 DigitalOcean 上開的機器很小，怕負擔不過來。

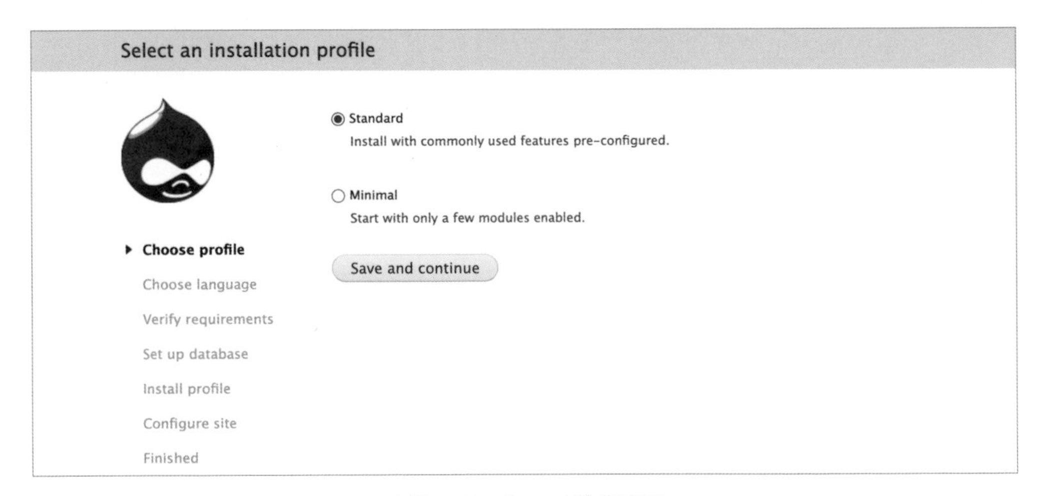

❖圖 7-11　Drupal 設定畫面

到了設定資料庫的部分，在 postgres 映像檔的預設情況下，資料庫名稱及使用者名稱都是 postgres。

至於進階設定的 Database Host，還記得在「第 6 章 Docker Compose」中，我們是用容器的名字作為虛擬網路內的 Database Host，而在 Docker Swarm 的模式下，是使用service的名字作為overlay虛擬網路中的Database Host，所以這裡會填入「pg」及「port 5432」。

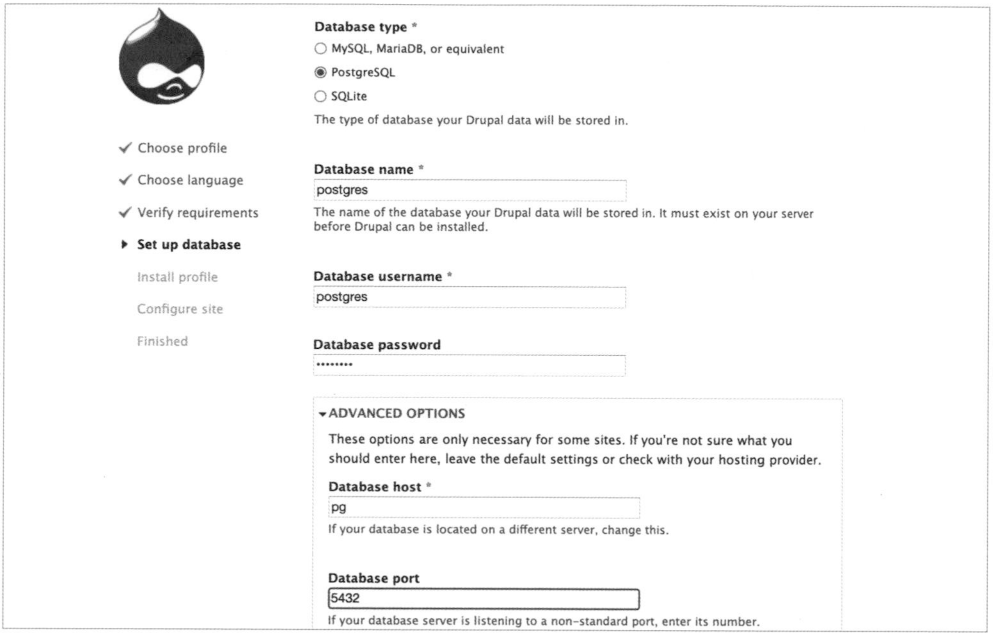

Database type *
MySQL, MariaDB, or equivalent
PostgreSQL
SQLite
The type of database your Drupal data will be stored in.

✓ Choose profile
✓ Choose language
✓ Verify requirements
▸ Set up database
Install profile
Configure site
Finished

Database name *
postgres
The name of the database your Drupal data will be stored in. It must exist on your server before Drupal can be installed.

Database username *
postgres

Database password
••••••••

▾ADVANCED OPTIONS
These options are only necessary for some sites. If you're not sure what you should enter here, leave the default settings or check with your hosting provider.

Database host *
pg
If your database is located on a different server, change this.

Database port
5432
If your database server is listening to a non-standard port, enter its number.

❖圖 7-12 Drupal 資料庫設定畫面

後面的設定就和之前一樣，最終會來到Drupal的主畫面，這時若是把service刪除，將不會保留任何的資料，因為我們沒有使用volume來儲存資料。在下一小節中，我們將會講述要如何在Docker Swarm的模式下儲存資料，volume是否能夠跨越伺服器的鴻溝呢？

7.6 如何在 Swarm 中儲存資料

我要先回答「volume是否能夠跨越伺服器的鴻溝」的問題，答案是「不行」。volume只能儲存在固定的節點上，根據我們前面所述，Swarm會自動分配容器到隨機的節點上，那該如何確保PostgreSQL放到有volume的節點呢？

Docker給出的解答是「constraint」，也就是透過在服務上貼標籤的方式，限制該服務只能執行在某個節點，自然而然，容器也就只會在該節點執行，也算是解決的volume的問題。

另一個解決方案是「使用外部服務」，例如：AWS、GCP都有提供資料庫的服務，很多時候正式環境都會採用這些現成的資料庫服務，因為這些服務都提供備份及監測的功能，又能確實解決Swarm模式下的資料分布問題，也算是另一種解決辦法。

下面示範如何用貼標籤的方式，來讓PostgreSQL的service執行在固定的節點，讓其能夠固定連接同一個volume，以避免每次服務開啟時的資料都不固定，會非常困擾。

首先移除掉上一個章節所建立的所有service：

```
root@ubuntu-s-1vcpu-512mb-10gb-sgp1-01:~# docker service rm drupal pg <- 不換行
drupal
pg
```

先列出所有的節點，並確認目前在哪一個節點：

```
root@ubuntu-s-1vcpu-512mb-10gb-sgp1-01:~# docker node list
ID       HOSTNAME STATUS AVAILABILITY MANAGER STATUS ENGINE VERSION
wuq.. * ubuntu   Ready  Active       Reachable      20.10.18
png..   ubuntu   Ready  Active       Reachable      20.10.18
fdm..   ubuntu   Ready  Active       Reachable      20.10.18
```

可以看到在列表中ID上有「*」的節點，就是目前所在的節點，接著在目前的節點上建立一個volume，以便postgres的服務能夠有儲存空間：

```
root@ubuntu-s-1vcpu-512mb-10gb-sgp1-01:~# docker volume create pg
pg
```

啟動postgres的service，並且利用constraint來強制其執行在有volume的節點：

```
root@ubuntu-s-1vcpu-512mb-10gb-sgp1-01:~# docker service create --name pg
--mount source=pg,destination=/var/lib/postgresql/data --constraint node.
id==wuqi9exd0f71uah8dcpdvgtw4 --network dev --env POSTGRES_PASSWORD=password
postgres:14-alpine  #不換行
3f7vd6e7qe1tf4fa6v6xez9ng
overall progress: 1 out of 1 tasks
1/1: running   [==================================================>]
verify: Service converged
```

在 Swarm 模式下，service 的 volume 掛載參數只能用 `--mount` 的方式，並且要標明 source 及 target，source 就是 volume，而 target 則為容器內的檔案系統儲存位置，就和「第 5 章 Docker Volume」的概念是一模一樣的：

```
--mount source=pg,destination=/var/lib/postgresql/data
```

constraint 的使用方式則可以分成很多種，這裡用最簡單的方式，告訴 Swarm 只會把這個 service 部署到 ID 為「wuqi9exd0f71uah8dcpdvgtw4」的節點，也就是目前這個節點：

```
--constraint node.id==wuqi9exd0f71uah8dcpdvgtw4
```

接著可以在目前的節點上，用最傳統的方式來確認 postgres 服務是否有執行在這個節點上：

```
root@ubuntu-s-1vcpu-512mb-10gb-sgp1-01:~# docker container list
CONTAINER ID   IMAGE   COMMAND CREATED STATUS PORTS      NAMES
2bf12f2643e1   postgre "doc.." 28 mi.. Up 28  5432/tcp   pg.1
```

再來，部署 Drupal 服務：

```
root@ubuntu-s-1vcpu-512mb-10gb-sgp1-01:~# docker service create --name
drupal --network dev --publish 80:80 drupal:7.92
n3x5950gikz8ih9ynnqc7erna
overall progress: 1 out of 1 tasks
1/1: running   [==================================================>]
verify: Service converged
```

我們採用和上一章相同的設定方式，並新增一篇文章，如圖 7-13 所示。

❖圖 7-13　新增文章

接著刪除 postgres 的服務，並重新執行，確認其有連接到 volume，而文章也沒有因為 postgres 的服務刪除而消失不見：

```
root@ubuntu-s-1vcpu-512mb-10gb-sgp1-01:~# docker service rm pg
pg

root@ubuntu-s-1vcpu-512mb-10gb-sgp1-01:~# docker service create --name pg
--mount source=pg,destination=/var/lib/postgresql/data --constraint node.
id==wuqi9exd0f71uah8dcpdvgtw4 --network dev --env POSTGRES_PASSWORD=password
postgres:14-alpine # 不換行
se6umxcb1kebskrffiv9dyuju
overall progress: 1 out of 1 tasks
1/1: running   [==================================================>]
verify: Service converged
```

我們回到網站，會看到文章還是一樣存在，這就是在 Swarm 模式下儲存資料的方式，透過 constraint 的方式，強迫服務執行在 volume 存在的節點，以確保資料的儲存。

7.7 如何在 Swarm 中傳遞敏感資料

上一小節說明了如何在 Swarm 模式中儲存資料，不知道大家有沒有想過，要如何把敏感的資料（例如：資料庫密碼等）在 Swarm 模式中傳遞呢？畢竟是跨機器的，直接把敏感資訊在 service 啟動時寫入，也會因為儲存在 bash 的歷史紀錄中，而不太安全，這時 Docker 給出了「secret」及「config」兩種解決方案，如同名字一樣，一個是拿來儲存機密資料，一個是設定檔。至於要如何使用呢？從下面的簡單範例就可瞭解。

使用 secret 物件

首先，一樣先移除掉上一小節做示範的 drupal 以及 postgres 服務：

```
root@ubuntu-s-1vcpu-512mb-10gb-sgp1-01:~# docker service rm pg drupal
pg
drupal
```

接著先用 secret 來做示範。在機器上隨意建立一個檔案，假裝裡面放著敏感的資訊：

```
root@ubuntu-s-1vcpu-512mb-10gb-sgp1-01:~# echo "I'm secret." >> secret.txt
root@ubuntu-s-1vcpu-512mb-10gb-sgp1-01:~# cat secret.txt
I'm secret.
```

建立一個 secret 的物件：

```
root@ubuntu-s-1vcpu-512mb-10gb-sgp1-01:~# docker secret create my_secret
./secret.txtj  #不換行
1onanm0d6wkqai2xhsvwhez5
root@ubuntu-s-1vcpu-512mb-10gb-sgp1-01:~# docker secret list
ID       NAME         DRIVER     CREATED    UPDATED
j1on..   my_secret               4 sec...   4 sec...
```

建立一個有三個副本的nginx服務，並且將secret物件注入服務中，在三個節點中都能夠拿到這份敏感資訊：

```
root@ubuntu-s-1vcpu-512mb-10gb-sgp1-01:~# docker service create --name
nginx --publish 80:80 --replicas 3 --secret my_secret nginx #不換行
tk3pgny6w1nclsfqvzfjuvnzn
overall progress: 3 out of 3 tasks
1/3: running   [==================================================>]
2/3: running   [==================================================>]
3/3: running   [==================================================>]
verify: Service converged
```

我們如何確認這份secret有沒有注入到每一個容器中呢？可以直接透過向容器傳遞指令的方式，來確認檔案有注入到容器。我們拿到當前節點的容器ID：

```
root@ubuntu-s-1vcpu-512mb-10gb-sgp1-01:~# docker container list
CONTAINER ID  IMAGE  COMMAND  CREATED STATUS  PORTS     NAMES
a6080cb999d0  nginx  "/doc.." 2 m...  Up 2..  80/tcp    nginx.2

root@ubuntu-s-1vcpu-512mb-10gb-sgp1-01:~# docker container exec
a6080cb999d0 cat /run/secrets/my_secret #不換行
I'm secret.
```

可以看到透過 `cat /run/secrets/my_secret` 指令，拿到了檔案中的訊息，而為什麼是這個路徑呢？這是Docker官方對於secret的預設路徑，所有的secret都會預設被注入到容器中的/run/secrets內，當然也可以透過指令來自己指定路徑，Docker是透過加密的方式來傳遞此檔案，所以在安全性上不需要擔心。

使用config物件

接著使用config物件，相較於secret，config物件就比較偏向非敏感資訊，可以拿來存放某些服務的設定檔。

一樣移除原有的nginx服務，改用config物件來把資料注入服務內：

```
root@ubuntu-s-1vcpu-512mb-10gb-sgp1-01:~# docker service rm nginx
nginx
```

利用剛剛同一個檔案來建立 config 物件，使用的方式和 secret 一樣：

```
root@ubuntu-s-1vcpu-512mb-10gb-sgp1-01:~# docker config create my_config
./secret.txt
lyx1mu7m4wxk4pn3fftcl1vzp
```

一樣建立三個副本的 nginx 服務，並且使用 --config 的方式把檔案傳入。這裡可以直接輸入 config 物件的名稱，檔案就會出現在容器的根目錄內，一樣可以透過 cat 的方式來拿到檔案的內容：

```
root@ubuntu-s-1vcpu-512mb-10gb-sgp1-01:~# docker service create --name
nginx --publish 80:80 --replicas 3 --config my_config nginx <- 不換行
1xjedznxpk8im443fbhdyhosr

root@ubuntu-s-1vcpu-512mb-10gb-sgp1-01:~# docker container exec 518 cat
./my_config # 不換行
I'm secret.
```

先移除掉 nginx 的服務，再把 config 物件放到想要的路徑：

```
root@ubuntu-s-1vcpu-512mb-10gb-sgp1-01:~# docker service rm nginx
nginx

root@ubuntu-s-1vcpu-512mb-10gb-sgp1-01:~# docker service create --name
nginx --publish 80:80 --replicas 3 --config source=my_config,target=/custom-
dir/my_config nginx <- 不換行
seuj2mlqpyvrlubsw6c88xvjo
overall progress: 3 out of 3 tasks
1/3: running   [==================================================>]
2/3: running   [==================================================>]
3/3: running   [==================================================>]
verify: Service converged
```

```
root@ubuntu-s-1vcpu-512mb-10gb-sgp1-01:~# docker container exec 89a cat
/custom-dir/my_config # 不換行
I'm secret.
```

透過「source=config 物件的名字 , target= 容器內的路徑」，就可以把 config 物件的檔案放到自己想要的位置。

這時可能會想說：使用 secret 的道理能理解，透過 Docker 的加密傳輸方式來保證安全性，那 config 呢？說實在的，設定檔寫死放在映像檔，用 COPY 的方式也可以吧？沒錯，是可以的，但寫死在映像檔內，要更新服務的話，就只能更新映像檔。

那如果採用「Bind Mount」的方式呢？也可以，沒有問題，但問題就在於要更新設定時，需要暫停服務再重啟，而用 config 則可避免掉這些問題，讓我們在不停止 nginx 服務的情況下更新這個 config，我們試著更新剛剛的設定檔。

先更新一下原本的設定檔案，並再次建立一個新的 config，之後要拿來覆蓋掉舊的設定：

```
root@ubuntu-s-1vcpu-512mb-10gb-sgp1-01:~# echo "New Config" >> secret.txt
root@ubuntu-s-1vcpu-512mb-10gb-sgp1-01:~# docker config create my_config_2
./secret.txt # 不換行
t3uqy5a9ec807sv9byhwyipdx
```

接著用 `docker service update --config-add` 的方式來更新 nginx 的服務，並且覆蓋掉原本的設定檔：

```
root@ubuntu-s-1vcpu-512mb-10gb-sgp1-01:~# docker service update --config-add
source=my_config_2,target=/custom-dir/my_config nginx # 不換行
nginx
overall progress: 3 out of 3 tasks
1/3: running   [==================================================>]
2/3: running   [==================================================>]
3/3: running   [==================================================>]
verify: Service converged
```

一樣來檢查新的容器內設定檔是否有更新：

```
root@ubuntu-s-1vcpu-512mb-10gb-sgp1-01:~# docker container exec 021 cat
/custom-dir/my_config
I'm secret.
New Config
```

這樣就可以在不中斷服務的情況下更動設定檔，使用的方式五花八門，但這是最基本的想法，其實都可以多做嘗試，會有意想不到的結果。

7.8 打包所有服務

在前面幾個小節中，我們都是透過輸入指令的方式來建立 service，這會遇到和 Docker Compose 相同的問題，當服務越來越多，每次都要輸入相同的指令是強人所難，這時我們可以接續 docker-compose.yml 的概念來撰寫 Swarm 的預期狀態檔案，其實有許多的語法都和 Docker Compose 相同，唯一不一樣的就是加入了 `deploy` 這個參數。

我們以上一小節中的 Drupal 搭配 PostgreSQL 來做範例，寫成一個 YAML 檔案，並且一鍵啟動服務：

```
version: '3.9'

services:
  drupal:
    image: drupal:7.92
    secrets:
      - source: my_secret
        target: /my_secret
    networks:
```

```
      - dev
    ports:
      - 80:80
    deploy:
      replicas: 1
      restart_policy:
        condition: on-failure

  pg:
    image: postgres:14-alpine
    configs:
      - source: my_config
        target: /my_config
    volumes:
      - pg:/var/lib/postgresql/data
    networks:
      - dev
    environment:
      - POSTGRES_PASSWORD=password
    deploy:
      replicas: 1
      restart_policy:
        condition: on-failure
      placement:
        constraints: [node.id == 你的節點 ID]

secrets:
  my_secret:
    external: true

configs:
  my_config:
    external: true

volumes:
  pg:
    external: true
```

```
networks:
  dev:
    external: true
```

大部分的參數相信在「第 6 章 Docker Compose」的章節都有介紹過，今天就著重在 deploy 內的參數，deploy 內的參數只有在 Swarm 模式下有用，若是使用 `docker compose up` 去執行這份檔案，不僅會直接略過這些參數，而且還會因為 Docker Compose 不支援 secret 及 config 物件而出錯。

secret 及 config 在上一小節中介紹過，轉成 YAML 的寫法其實和 CLI 一模一樣的，至於 external 在「第 6 章 Docker Compose」中也有解釋過了。

replicas 是副本，這在前面小節也不斷地使用。至於 restart_policy，就是 Docker Compose 寫的 restart，只是在 Swarm 模式下稍微囉唆一點，且要放在 deploy 內。

大部分都是把 CLI 直接轉成 YAML 的格式，在官方的文件中可以找到全部的寫法，重點還是「如何靈活運用」。像我一開始使用時，就不知道寫在 YAML 內的 constraints 前面，還需要加上 placement 參數，但其實官方文件就有了，所以認真閱讀官方文件很重要，一本書很難把所有的情境都涵蓋，當瞭解基礎的使用方式，才能擴大使用的範圍。

7.8.1 如何一鍵啓動

在「第 6 章 Docker Compose」中，我們使用 `docker compose up` 作為啟動多個容器的方式，而在 Swarm 模式下，`docker compose up` 指令就派不上用場了，要轉而使用 `docker stack deploy` 指令。

```
root@ubuntu-s-1vcpu-512mb-10gb-sgp1-01:~# docker stack deploy --compose-file
docker-compose.yml dev <- 不換行
Creating service dev_drupal
Creating service dev_pg
```

`--compose-file` 為定義預期狀態的 YAML 檔案，不一定要叫做「docker-compose.yml」。而最後的參數則為這個 stack 的命名，可以根據這個 stack 所做的事情來命名。可以看到 stack 最終的結果，還是建立了兩個 service，所以一開始不需要想得太過複雜，它就是 Swarm 模式下結合多個 service 的方法。

到底什麼是 stack 呢？使用上很像 Docker Compose，就是把整個應用程式的預期狀態放入一個 stack 內，並且交由 Docker Swarm 全權處理，如圖 7-14 所示。

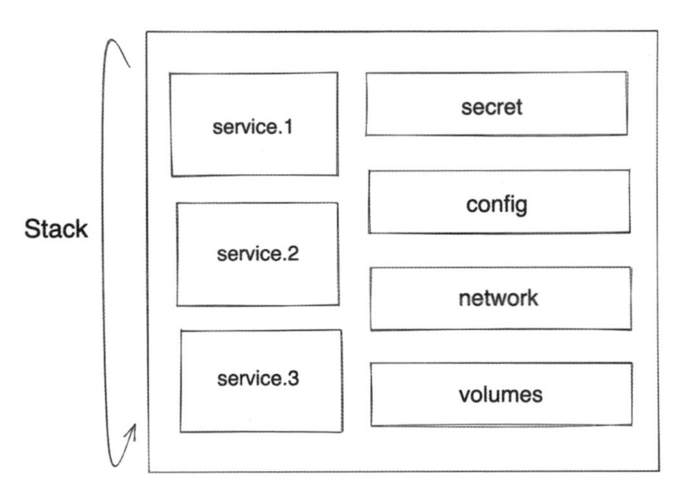

❖圖 7-14　Stack 示意圖

7.8.2　查看 Stack 內的服務狀態

透過 docker stack ps 「stack 名稱」的方式，能看到整個 stack 內的容器狀態，包含了執行在哪個節點上以及隸屬於哪個 service 的詳細資訊：

```
root@ubuntu-s-1vcpu-512mb-10gb-sgp1-01:~# docker stack ps dev
ID      NAME            IMAGE          NODE DS      CS     ERROR     PORTS
nlv..   dev_drupal.1    drupal:7.92    03   Run..   Run..
m0t..   dev_pg.1        postgres..     01   Run..   Run..
```

7.8.3　一鍵移除所有服務

只需要使用 docker stack rm 指令就能夠做到；刪除一個 stack，也代表刪除裡面所包含的服務，是不是很像 docker compose down 呢？

```
root@ubuntu-s-1vcpu-512mb-10gb-sgp1-01:~# docker stack rm dev
Removing service dev_drupal
Removing service dev_pg
```

綜上所述，個人覺得Swarm這個容器調度工具會比Kubernetes好上手的原因，是因為語法大部分都承襲自Docker Compose，只要有打好Docker的基礎，學習曲線不會那麼陡峭，卻可以很快達到相同的目的（以小規模的服務而言）。從下一個章節開始，我們要開始兌現前面所學的基礎來部署Web應用程式。

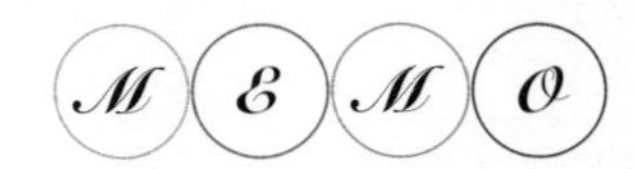
MEMO

部署 Web 應用程式

8.1 購買屬於你的網域

在正式部署之前，我們都需要在網際網路的世界中有一個網域名稱，總不能每一個服務都只有 IP 位置，這樣要別人怎麼記住你呢？市面上，有許多販賣網域的網站，例如：Namecheap、GoDaddy、Google Domain 等，以下介紹如何在 Google Domain 購買網域的流程。

|STEP| 01 進入到 Google Domain 的頁面，輸入你想要購買的網域。

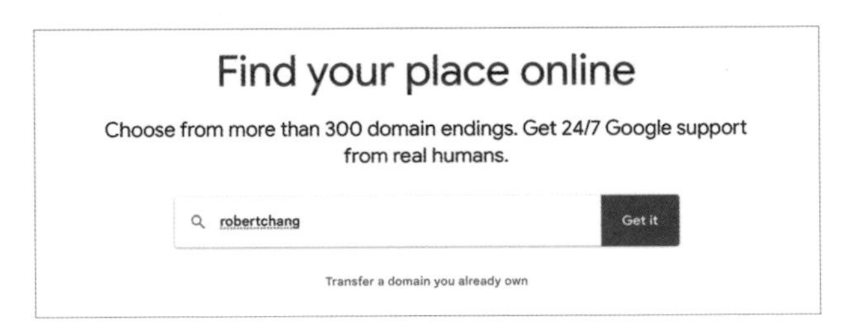

❖圖 8-1 搜尋想要的網域

|STEP| 02 找到自己喜歡的網域名，通常 .com 都很難買到，這裡為了示範，我就買一個我自己喜歡的網域，並進到結帳的頁面，至於要不要客製化 Email，就看個人的喜好了，我自己是不想花這個錢。

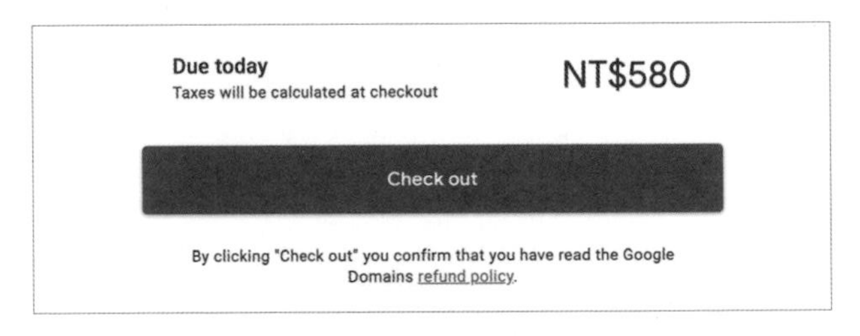

❖圖 8-2 結帳頁面

|STEP| 03 買完後，你就擁有你人生的第一個網域了。

不論你在哪一個網站購買網域都可以，這裡要介紹的是如何管理你的網域，我自己算是 Cloudflare 的重度使用者，通常不論我在哪裡購買網域，最終都會放到 Cloudflare 做代管的動作。以下將教學如何把網域交由 Cloudflare 代管：

|STEP| 01 註冊好一個 Cloudflare 的帳號，進入到主控台的頁面，會看到下方的畫面，點擊「新增網站」按鈕。

❖圖 8-3　Cloudflare 主控台

|STEP| 02 輸入你剛剛購買的網域。

❖圖 8-4　輸入剛剛購買的網域

|STEP| 03 點擊「新增網站」按鈕後，點擊最下方的 0 元方案，這裡的 UX 設計蠻聰明的，我差點忍不住就點每月 20 元，最後才發現下面有免費方案。

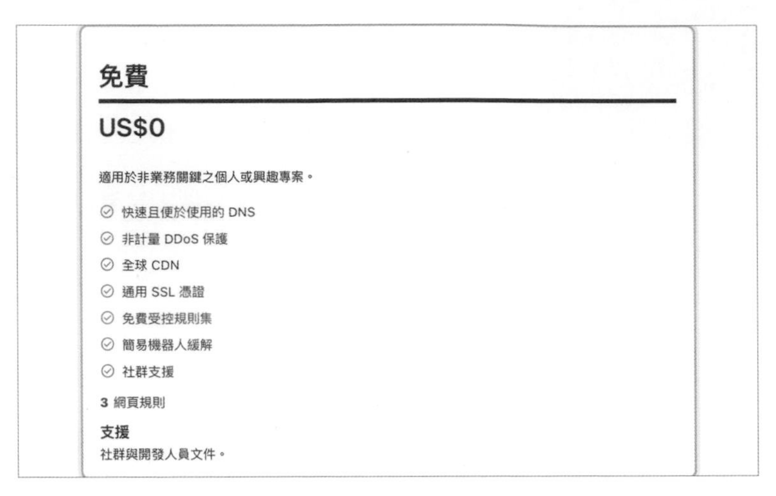

❖圖 8-5 選擇 0 元方案

|STEP| 04 選擇完後，Cloudflare 會掃描你的網域，檢查其來的 DNS 紀錄，並且要求你將原先的名稱伺服器變更到Cloudflare（以上面的例子來說，我需要到 Google Domain 去做更改）。

❖圖 8-6 掃描後的頁面

|STEP| 05 跟著下方的指示做，就能成功把網域遷移到Cloudflare，過程非常簡單，Cloudflare 為了生意，都有非常明確地指示。

❖圖 8-7　更改 Name Server

|STEP| 06 以 Google Domain 的例子來說，需要去客製化 Name Server 指向 Cloudflare。

尚未設定任何自訂名稱伺服器

名稱伺服器 ⓘ

名稱伺服器

名稱伺服器的數量下限為 1 個

＋ 新增其他名稱伺服器　取消　儲存

❖圖 8-8　加入 Name Server

只要放入 Cloudflare 提供的那兩個 Name Server 進來，之後 robertchang.me 這個網域就會被 Cloudflare 接管。至於用 Cloudflare 有什麼好處，說實在的，對於小網站來說沒什麼差別，但我自己很習慣它們的介面，很直覺。

這個小節結束後，你便已經有了屬於你的網域，且不論其是放在原先的 DNS 管理網站，或是放到 Cloudflare 都沒關係，重點是有了自己的網域，就可以在接下來使用 Docker 部署網站時，有一個自己的名字了。

8.2 利用 Traefik 部署自己的映像檔儲存庫

購買完網域後，在部署自己的映像檔儲存庫之前，我想介紹這一個非常好用的「反向代理伺服器」，這也是我最近不論在個人的 Side Project 或公司的專案都很常使用的工具，Traefik 對於 Docker 的支援度之高，基本上可以說是無腦使用，用起來非常舒服。

8.2.1 什麼是反向代理伺服器？

我們來看圖 8-9：

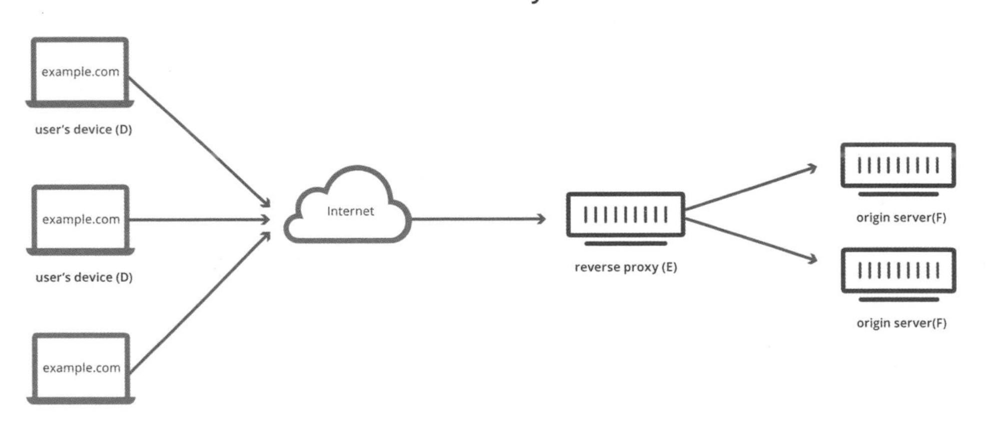

❖圖 8-9　反向代理伺服器示意圖

當我們透過網際網路要存取某個 Web 應用程式的服務時，會先經過一個守門員，叫做「反向代理伺服器」，由它去幫我們拿取服務的內容，而使用這個服務的好處如下：

- **內容的 Cache，實現網站加速**：反向代理伺服器可以檢視每一次的請求，並且設定 Cache 的機制，讓我們的 App 伺服器不需要每次都和資料庫做請求，大幅降低 App 伺服器的負擔。

- **流量清洗，杜絕惡意攻擊**：可以透過觀察單一守門員的紀錄，來整理出某些惡意的請求，並且進行封鎖。反向代理伺服器也支援白名單的功能，當我們發現某些請求過度頻繁時，可以直接封鎖來自該 IP 的請求某段時間。
- **隱藏 IP 位置，避免遭受攻擊**：有一個守門員擋在最前面，在後面的所有服務都不需要公開 IP 位置到網際網路之中，等於是整個龐大的 Web 應用程式，只公開反向代理伺服器的 IP 位置及 Port，這樣可以大幅降低被攻擊的風險。
- **負載平衡，避免伺服器過載**：反向代理伺服器都具備基本的負載平衡功能，也就是其可以分配請求到比較閒的 App 伺服器，避免單一伺服器的工作負擔太重，導致伺服器崩潰，放在 Docker 的世界中，Traefik 可以平均分配流量到同一個 Service 的容器中，非常好用。

介紹完「反向代理伺服器」的好處後，我們開始使用 Traefik 部署自己的映像檔儲存庫。關於 Traefik 的詳細使用方式，Traefik 官方的手冊上都有非常詳盡的文件說明，本書只會針對部署流程上會使用到的參數及指令做解釋，不會詳細探討 Traefik 如何做到這些事情。

8.2.2 先釐清應用程式的架構

在部署之前，可以先用簡單的紙筆記錄整個服務會需要使用到的映像檔，以最簡單部署映像檔儲存庫來說，架構會如圖 8-10 所示。

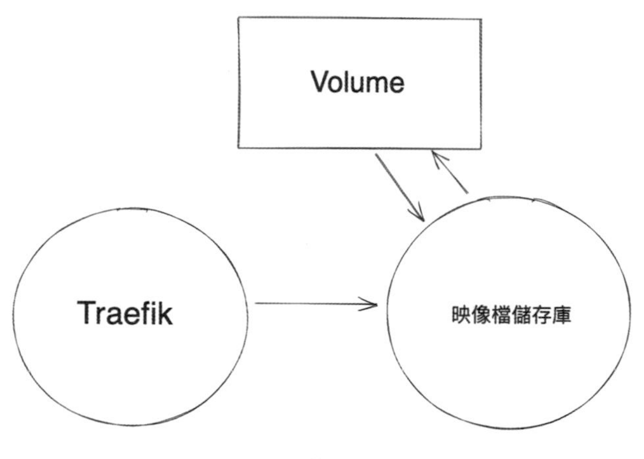

❖圖 8-10　基礎架構示意圖

在「第4章 映像檔」中提過，官方的映像檔儲存庫是沒有UI介面的，我們可以使用開源的儲存庫UI一起加入這個架構之中，就會如圖8-11所示。

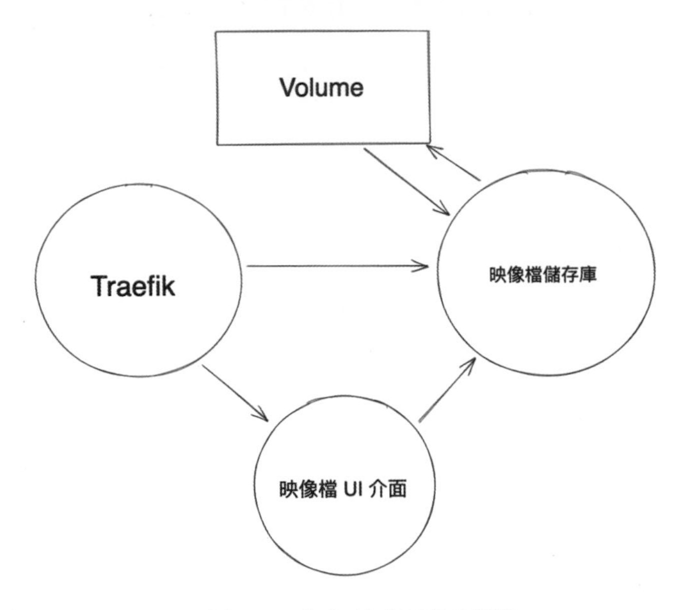

❖圖 8-11 加入 UI 介面後的架構

接著可以建立docker-compose.yml並開始撰寫，準備部署這整個應用程式。這裡的映像檔儲存庫並不需要應付過多的請求，我們先使用單台伺服器搭配Docker Compose進行單體式部署，後面的章節將會使用Docker Swarm來部署前後端分離的應用程式。

首先是Traefik服務的建立，如下所示：

```
# docker-compose.yml

version: '3.9'

x-networks: &network
  networks:
    - registry

x-restart: &restart-always
```

```
  restart: always

services:
  proxy:
    image: traefik:v2.8
    container_name: traefik
    <<: *network
    <<: *restart-always
    ports:
      - 80:80
      - 443:443
    volumes:
      - /var/run/docker.sock:/var/run/docker.sock:ro
      - ./acme.json:/acme.json:rw
    command:
      - --entrypoints.web.address=:80
      - --entrypoints.websecure.address=:443
      - --entrypoints.web.http.redirections.entrypoints.scheme=https
      - --providers.docker=true
      - --providers.docker.exposedbydefault=false
      - --certificatesresolvers.letencrypt=true
      - --certificatesresolvers.letencrypt.acme.httpchallenge=true
      - --certificatesresolvers.letencrypt.acme.email=robert@5xcampus.com
      - --certificatesresolvers.letencrypt.acme.storage=acme.json
      - --certificatesresolvers.letencrypt.acme.httpchallenge.entrypoint=web

networks:
  registry:
    external: true
```

撇除下方關於 Traefik 指令的輸入，其餘部分都是在「第 6 章 Docker Compose」有提過的參數，而對於有疑慮的部分，我會一個一個解釋。

在 volumes 參數中，「/var/run/docker.sock:/var/run/docker.sock:ro」代表的是 Traefik 也需要監聽 docker.sock 這個 Unix Socket 上的事件，來掌握同一個虛擬網路中是否有容器被建立或移除；最後面的「:ro」則代表了 read only，也就是把伺服器的 docker.sock 交給 Traefik 去監聽，但它只能讀取資訊，而不能夠修改內容。

而「./acme.json:/acme.json:rw」這段參數，則是 Traefik 一個非常厲害的功能，它會替你自動申請 SSL 的憑證，也就是在上網時安全的網站旁邊都會有一個小鎖頭。這個 acme.json 檔案需要自己手動建立，並將其權限設定為「600」，來讓 Traefik 能夠寫入憑證資訊，結尾的「:rw」則是「read & wrtie 都可以」的意思。

```
root@ubuntu-s-1vcpu-512mb-10gb-sgp1-01:~# touch acme.json
root@ubuntu-s-1vcpu-512mb-10gb-sgp1-01:~# chmod 600 acme.json
```

8.2.3 Traefik 指令解釋

1. 建立一個 entrypoint 叫做「web」，並且給予其 port 為 80：

```
--entrypoints.web.address=:80
```

2. 建立一個 entrypoint 叫做「websecure」，並且給予其 port 為 443：

```
--entrypoints.websecure.address=:443
```

3. 此行作用為將 http 協定自動轉至 https，也就是從 80 轉到 443：

```
--entrypoints.web.http.redirections.entrypoints.scheme=https
```

4. 因為 Traefik 提供的支援不是只有 Docker，故在此處我們需要讓它知道提供服務的平台式 Docker：

```
--providers.docker=true
```

5. 前面有提過，Traefik 會監聽 docker.sock 來檢查有沒有服務被建立，而這行的目的在於告訴 Traefik，有需要被 Traefik 接受的服務，我們會自己加入參數，而不需要 Traefik 自動追蹤。這麼做的好處是，有時我們並不需要所有的服務都被 Traefik 追蹤，我們只需要在想被追蹤的服務上加入「--traefik.enable=true」即可，後面會有示範。

```
--providers.docker.exposedbydefault=false
```

6. Let's Encrypt 是一個提供免費 SSL 憑證的網站，這裡告訴 Traefik 我們要使用它：

```
--certificatesresolvers.letencrypt=true
```

7. Traefik 主要提供了三種不同的 SSL 憑證申請，這裡告訴 Traefik 我們要走 httpchallenge 的憑證申請。至於不同的申請方式，大家都可以自己到 Traefik 的官方文件上找到。

```
--certificatesresolvers.letencrypt.acme.httpchallenge=true
```

8. 這裡就是申請 SSL 憑證時需要附上的 Email，當憑證快到期時，就會發送 Email 通知你：

```
--certificatesresolvers.letencrypt.acme.email=robert@5xcampus.com
```

9. 這行告訴 Traefik，關於 Let's Encrypt 的憑證儲存檔案是 acme.json 檔案，而這個檔案我們已經預先建立好，並且用 volume 的方式放到容器內：

```
--certificatesresolvers.letencrypt.acme.storage=acme.json
```

10. 這行告訴 Let's Encrypt 的 SSL 憑證申請的入口是走「web」，也就是 port 80 的入口：

```
--certificatesresolvers.letencrypt.acme.httpchallenge.entrypoint=web
```

11. 這些都準備好的話，我們就可以先啟動 Traefik 服務了：

```
root@ubuntu-s-1vcpu-512mb-10gb-sgp1-01:~# docker compose up --detach <- 不換行
[+] Running 1/1
   Container traefik  Started                                          1.1s
```

透過伺服器的 IP 位置進入，會變成「404 page not found」的畫面，代表 Traefik 其實有成功建立，只是目前還沒有任何服務啟動，所以沒有任何內容可以回應。

12. 我們在 docker-compose.yml 的 service 內，繼續加入映像檔儲存庫的服務：

```
# docker-compose.yml

version: '3.9'

x-networks: &network
  networks:
    - registry

x-restart: &restart-always
  restart: always

services:
  proxy:
    ...
  registry:
    image: registry:latest
    container_name: registry
    <<: *network
    <<: *restart-always
    volumes:
      - registry-data:/var/lib/registry
    labels:
      - traefik.enable=true
      - traefik.http.routers.registry-http.entrypoints=web
      - traefik.http.routers.registry-https.entrypoints=websecure
      - traefik.http.routers.registry-http.rule=Host(` 你購買的網域 `)
      - traefik.http.routers.registry-https.rule=Host(` 你購買的網域 `)
      - traefik.http.routers.registry-https.tls=true
      - traefik.http.routers.registry-https.tls.certresolver=letencrypt
      - traefik.http.middlewares.https-only.redirectscheme.scheme=https
      - traefik.http.routers.registry-http.middlewares=https-only
      - traefik.http.routers.registry-https.service=registry
      - traefik.http.services.registry.loadbalancer.server.port=5000
```

```
      - traefik.docker.network=registry

networks:
  registry:
    external: true

volumes:
  registry-data:
    external: true
```

這次我們專注在 lables 內的參數，對於 Traefik 的使用方式是在容器上貼標籤，來幫助 Traefik 瞭解要對此服務執行何種功能。

13. 這行指令是告訴 Traefik 這個容器是需要被追蹤的，前面介紹 Traefik 設定時提過：

```
- traefik.enable=true
```

14. 下面兩行指令中的「registry-http」及「registry-https」是可以替換的命名，主要的用途是告訴 Traefik 這個服務的「registry-http」是走「web」這個 entrypoints，也就是走 port 80，而「registry-https」則是走「websecure」這個 entrypoints，也就是 port 443。

```
- traefik.http.routers.registry-http.entrypoints=web
- traefik.http.routers.registry-https.entrypoints=websecure
```

15. 下面兩行則是延續上一段，告訴 Traefik 關於「registry-http」及「registry-https」這兩個 router 的規則，後方可以填入自己購買的網域，也可以使用 subdomain，像是「registry-core.qqqaaazzz.online」這樣的網址也是可以的：

```
- traefik.http.routers.registry-http.rule=Host(`你購買的網域`)
- traefik.http.routers.registry-https.rule=Host(`你購買的網域`)
```

16. 但我們需要先到管理 DNS 的網站，設定網域的 A Record 指向目前在部署的這台機器。以 Cloudflare 為例：

❖圖 8-12　指向 DigitalOcean 伺服器的 IP 位置

17. 下面則是告訴 Traefik 我們有一個 middleware 叫做「https-only」，並且我們把它掛在「registry-http」這個 router 前面，意思是「當我們今天通過 port 80 走 http 協定時，會強制幫我們轉到 https 協定」，這是屬於 Traefik 內建的 middleware，還有很多很有趣的功能，大家可自己去玩玩看：

```
- traefik.http.middlewares.https-only.redirectscheme.scheme=https
- traefik.http.routers.registry-http.middlewares=https-only
```

18. 下面兩行指令的意思代表「registry-https」這個 router 因為是 port 443，預設是執行 https 協定，所以需要 SSL 的憑證，這裡所用的憑證頒發則是一開始在 Traefik 就設定好的 letencrypt：

```
- traefik.http.routers.registry-https.tls=true
- traefik.http.routers.registry-https.tls.certresolver=letencrypt
```

19. 以下的第一行中，我們替「registry-https」這個 router 命名了一個叫做「registry」的 service；第二行則告訴 Traefik registry 服務的 port 開在 5000；最後一行則是告知 Traefik Docker 的虛擬網路名稱。

```
- traefik.http.routers.registry-https.service=registry
- traefik.http.services.registry.loadbalancer.server.port=5000
- traefik.docker.network=registry
```

20. 我們再次輸入 `docker compose up --detach` 指令，Docker 就會自動再執行映像檔儲存庫的服務：

```
root@ubuntu-s-1vcpu-512mb-10gb-sgp1-01:~# docker compose up --detach <- 不換行
[+] Running 1/1
  Container registry  Started                                         1.1s
```

當我們直接連接 IP 位置時，就會自動觸發 Traefik，替填入的網域名稱註冊 SSL 憑證，也就是當我們去 `cat acme.json` 時，裡面會充滿了代表憑證的密鑰。

21. 而這時我們就成功部署了屬於我們自己的映像檔，可以隨便找一個本機的映像檔，並且將其重新 tag 成「你的網域名稱 / 映像檔名稱 :tag」，如下方示範，並且把它推出去：

```
$ docker image tag todo-list registry-core.qqqaaazzz.online/todo-list

$ docker image push registry-core.qqqaaazzz.online/todo-list:latest
The push refers to repository [registry-core.qqqaaazzz.online/todo-list]
33dac495015d: Pushed
aad85cda03d4: Pushed
5db4753ceee7: Pushed
f089e986c59a: Pushed
42335e5f5f2a: Pushed
36afbd63eabe: Pushed
2a2946ba46e3: Pushed
994393dc58e7: Pushed
latest: digest: sha256:05d683f0d5da346ccb7e1048aa030e99728b3c3e4947c7c0472
f0fbe9171c73a size: 1992
```

22. 推上之後，我們也能夠透過請求 API 的方式來確認回應（像「第 4 章 映像檔」學到的請求方式），對著「https://registry-core.qqqaaazzz.online/v2/_catalog」（你自己的網域）做出 GET 請求，可以看到回應「Status: 200 OK」，回應的內容如下所示：

```
{
  "repositories": [
    "todo-list"
  ]
}
```

23. 我們會發現目前的映像檔儲存庫沒有帳號密碼的保護，接著閱讀官方文件，替儲存庫加上帳號密碼的功能。建立一個 auth 的資料夾，並且透過「httpd:2」映像檔建立「user」及「password」的帳號密碼：

```
root@ubuntu-s-1vcpu-512mb-10gb-sgp1-01:~# mkdir auth
root@ubuntu-s-1vcpu-512mb-10gb-sgp1-01:~# docker container run --entrypoint
htpasswd httpd:2 -Bbn user password > auth/htpasswd
# user 可以替換成你要的帳號
# password 可以替換成你要的密碼
```

24. 我們先停掉映像檔儲存庫的容器：

```
root@ubuntu-s-1vcpu-512mb-10gb-sgp1-01:~# docker container rm --force
registry
registry
```

25. 修改 docker-compose.yml 為下面的格式：

```
# docker-compose.yml

version: '3.9'

x-networks: &network
  networks:
    - registry

x-restart: &restart-always
  restart: always

services:
```

```
  proxy:
    ...
  registry:
    image: registry:latest
    container_name: registry
    <<: *network
    <<: *restart-always
    volumes:
      - registry-data:/var/lib/registry
      - ./auth:/auth <- 新增
    environment:
      - REGISTRY_AUTH=htpasswd <- 新增
      - REGISTRY_AUTH_HTPASSWD_REALM=Registry Realm <- 新增
      - REGISTRY_AUTH_HTPASSWD_PATH=/auth/htpasswd <- 新增
    labels:
      - traefik.enable=true
      - traefik.http.routers.registry-http.entrypoints=web
      - traefik.http.routers.registry-https.entrypoints=websecure
      - traefik.http.routers.registry-http.rule=Host(`你購買的網域`)
      - traefik.http.routers.registry-https.rule=Host(`你購買的網域`)
      - traefik.http.routers.registry-https.tls=true
      - traefik.http.routers.registry-https.tls.certresolver=letencrypt
      - traefik.http.routers.registry-https.service=registry
      - traefik.http.services.registry.loadbalancer.server.port=5000
      - traefik.docker.network=registry

networks:
  registry:
    external: true

volumes:
  registry-data:
    external: true
```

26. 接著我們再次啟動：

```
root@ubuntu-s-1vcpu-512mb-10gb-sgp1-01:~# docker compose up --detach <- 不換行
```

```
[+] Running 2/2
  Container registry  Started                                          2.0s
  Container traefik   Running                                          0.0s
```

27. 在本機試試看推送映像檔是否需要帳號密碼：

```
$ docker image push registry-core.qqqaaazzz.online/todo-list:v2
The push refers to repository [registry-core.qqqaaazzz.online/todo-list]
33dac495015d: Preparing
aad85cda03d4: Preparing
5db4753ceee7: Preparing
f089e986c59a: Preparing
42335e5f5f2a: Preparing
36afbd63eabe: Waiting
2a2946ba46e3: Preparing
994393dc58e7: Preparing
no basic auth credentials <- 被擋下來
```

28. 我們利用之前學過的 `docker login` 「你的映像檔網域」來登入：

```
$ docker login https://registry-core.qqqaaazzz.online
Username: user
Password:
Login Succeeded
```

29. 我們可以正常推送映像檔了，接著來處理 UI 的部分，這時雖然有映像檔儲存庫，但沒有畫面；其實 GitHub 上面有許多開源的映像檔儲存庫 UI，每一個都非常漂亮，這裡我們選用的是「quiq/docker-registry-ui:0.9.4」映像檔作為 UI 呈現，我們一樣要把它加入 docker-compose.yml 檔案內，並接受 Traefik 的掌控：

```
# docker-compose.yml

version: '3.9'

x-networks: &network
  networks:
```

```
    - registry

x-restart: &restart-always
  restart: always

services:
  proxy:
    ...
  registry:
    ...
  ui:
    image: quiq/docker-registry-ui:0.9.4
    container_name: ui
    <<: *restart-always
    <<: *network
    environment:
      - TZ=Asia/Taipei
    volumes:
      - ./config.yml:/opt/config.yml:ro
    labels:
      - traefik.enable=true
      - traefik.http.routers.ui-http.entrypoints=web
      - traefik.http.routers.ui-https.entrypoints=websecure
      - traefik.http.routers.ui-http.rule=Host(`你購買的網域`)
      - traefik.http.routers.ui-https.rule=Host(`你購買的網域`)
      - traefik.http.routers.ui-https.tls=true
      - traefik.http.middlewares.https-only.redirectscheme.scheme=https
      - traefik.http.routers.ui-http.middlewares=https-only
      - traefik.http.routers.ui-https.tls.certresolver=letencrypt
      - traefik.http.routers.ui-https.service=ui
      - traefik.http.services.ui.loadbalancer.server.port=8000
      - traefik.docker.network=registry

networks:
  registry:
    external: true

volumes:
```

```
registry-data:
  external: true
```

30. 可以看到 volumes 的部分，有掛載一個 config.yml 檔案到容器內，所以我們要先建立一個 config.yml 給這個 UI 做設定，每一個 UI 的詳細內容都不太一樣，可以找自己喜歡的，但不外乎就是要連接上你的映像檔儲存庫，這裡附上最簡單的設定檔：

```
root@ubuntu-s-1vcpu-512mb-10gb-sgp1-01:~# touch config.yml

# 以下為檔案內容
listen_addr: 0.0.0.0:8000
base_path: /
registry_url: http://registry:5000
registry_username: user
registry_password: password
cache_refresh_interval: 0
debug: false
```

不要忘了一樣要到 DNS 的管理處，去設定新的 A Record 到伺服器的 IP 位置，接著我們就可以透過 `docker compose up --detach` 的方式建立起 UI 的介面。

31. 在瀏覽器上輸入你設定在 Traefik 上的 Host，就能看到下面的畫面，可以看到畫面中有「todo-list」映像檔，是我們剛才嘗試推送映像檔時推上去的。

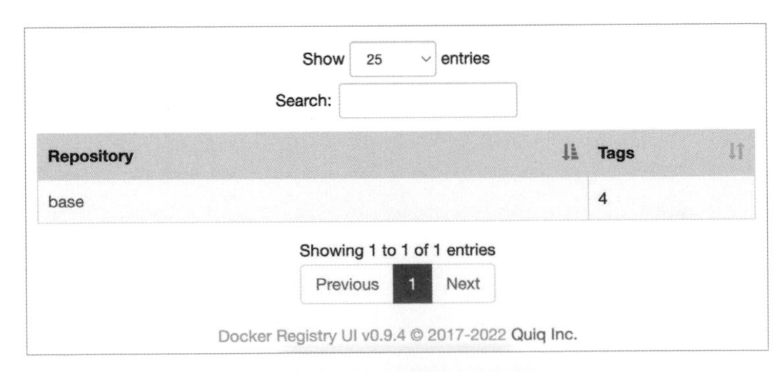

❖圖 8-13　映像檔 UI 介面

恭喜你！利用前面所有和 Docker 有關的基本技術，並使用 Docker Compose 串連所有的服務來部署了第一個應用程式，而且還擁有了自己的映像檔儲存庫。

下面為整個應用程式的 docker-compose.yml 檔案：

```
version: '3.9'

x-networks: &network
  networks:
    - registry

x-restart: &restart-always
  restart: always

services:
  proxy:
    image: traefik:v2.8
    container_name: traefik
    <<: *network
    <<: *restart-always
    ports:
      - 80:80
      - 443:443
    volumes:
      - /var/run/docker.sock:/var/run/docker.sock:ro
      - ./acme.json:/acme.json:rw
    command:
      - --entrypoints.web.address=:80
      - --entrypoints.websecure.address=:443
      - --entrypoints.web.http.redirections.entrypoint.scheme=https
      - --providers.docker=true
      - --providers.docker.exposedbydefault=false
      - --certificatesresolvers.letencrypt=true
      - --certificatesresolvers.letencrypt.acme.httpchallenge=true
      - --certificatesresolvers.letencrypt.acme.email=robert@5xcampus.com
      - --certificatesresolvers.letencrypt.acme.storage=acme.json
      - --certificatesresolvers.letencrypt.acme.httpchallenge.entrypoint=web
```

```
  registry:
    image: registry:latest
    container_name: registry
    <<: *network
    <<: *restart-always
    volumes:
      - registry-data:/var/lib/registry
      - ./auth:/auth
    environment:
      - REGISTRY_AUTH=htpasswd
      - REGISTRY_AUTH_HTPASSWD_REALM=Registry Realm
      - REGISTRY_AUTH_HTPASSWD_PATH=/auth/htpasswd
    labels:
      - traefik.enable=true
      - traefik.http.routers.registry-http.entrypoints=web
      - traefik.http.routers.registry-https.entrypoints=websecure
      - traefik.http.routers.registry-http.rule=Host(`registry-core.
qqqaaazzz.online`)
      - traefik.http.routers.registry-https.rule=Host(`registry-core.
qqqaaazzz.online`)
      - traefik.http.routers.registry-https.tls=true
      - traefik.http.routers.registry-https.tls.certresolver=letencrypt
      - traefik.http.routers.registry-https.service=registry
      - traefik.http.services.registry.loadbalancer.server.port=5000
      - traefik.docker.network=registry

  ui:
    image: quiq/docker-registry-ui:0.9.4
    container_name: ui
    <<: *restart-always
    <<: *network
    environment:
      - TZ=Asia/Taipei
    volumes:
      - ./config.yml:/opt/config.yml:ro
    labels:
      - traefik.enable=true
      - traefik.http.routers.ui-http.entrypoints=web
```

```
      - traefik.http.routers.ui-https.entrypoints=websecure
      - traefik.http.routers.ui-http.rule=Host(`registry.qqqaaazzz.online`)
      - traefik.http.routers.ui-https.rule=Host(`registry.qqqaaazzz.online`)
      - traefik.http.middlewares.https-only.redirectscheme.scheme=https
      - traefik.http.routers.ui-http.middlewares=https-only
      - traefik.http.routers.ui-https.tls=true
      - traefik.http.routers.ui-https.tls.certresolver=letencrypt
      - traefik.http.routers.ui-https.service=ui
      - traefik.http.services.ui.loadbalancer.server.port=8000
      - traefik.docker.network=registry

networks:
  registry:
    external: true

volumes:
  registry-data:
    external: true
```

我們在下一小節中，將部署於「第 6 章 Docker Compose」作為範例的前後端分離應用程式，使用 Docker Swarm，一起來實戰練習吧！

8.3 服務間的相依性

不知道大家有沒有發現在 Docker Swarm 的模式下，是沒有 depends _ on 這個選項的，這是因為在一個叢集的環境中，沒辦法確保所有的服務都等待另一個服務的啟動，這時就需要自己撰寫腳本來確保需要的服務已經啟動。

下方為一個確認其他服務的 ShellScript：

```
#! /bin/sh
```

```
# Wait for PostgreSQL
until nc -z -v -w30 "$DB_HOST" 5432
do
  echo 'Waiting for PostgreSQL...'
  sleep 1
done
echo "PostgreSQL is up and running"

# 下面可以寫上啟動的指令 EX: yarn start; bundle exec puma ...
```

這裡的「nc」是 Linux 系統中十分好用的 TCP/UDP 網路程式，能夠拿來檢查一些網路的端口是否存在，而上面就是用簡單的迴圈來判斷資料庫是否正在運作，若一直沒有檢查到資料庫的話，就不會執行到最下方的指令來啟動應用程式。

「$DB_HOST」是資料庫 DNS 名稱的環境變數，在 Docker 的世界中我們會用容器的名稱，或是在 YAML 內的 services 名稱，而我們將環境變數傳入容器內，就可以在執行應用程式前先確認其他服務是否已經啟動。

有了這個檔案，我們就會在 Dockerfile 內的 CMD 改成執行這個 ShellScript，這樣在 Swarm 模式下，也不用擔心應用程式會在其他需要的服務還沒啟動時，就優先啟動導致錯誤。

8.4 部署前後端分離應用程式

一樣使用 Traefik 搭配剛學完的 Docker Swarm，來部署前後端分離的應用程式。相同的，透過畫圖的方式把整個服務的架構給畫出來，雖然這個架構圖在「第 6 章 Docker Compose」就出現過，但我們可以把 Traefik 也加上去。

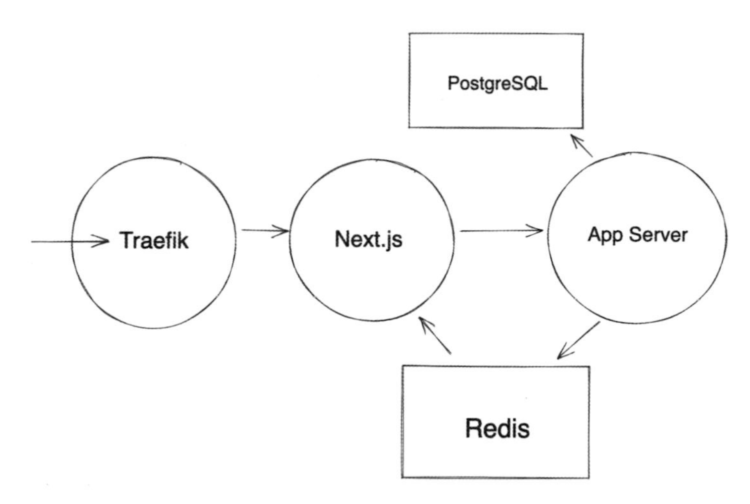

❖圖 8-14 應用程式架構圖

這次採用的是 Docker Swarm 的模式，所以有些設定上會稍微不同。這裡的 YAML 檔案要叫什麼都可以，我自己還是習慣叫做「docker-compose.yml」（這裡要記得換到不同台的伺服器，同一台其實也可以，但不要叫做「docker-compose.yml」）。

按照慣例還是需要建立一個 Traefik 的反向代理伺服器：

```
# docker-compose.yml

version: '3.9'

services:
  proxy:
    image: traefik:v2.8
    networks:
      - frontend
      - backend
    ports:
      - 80:80
      - 443:443
    volumes:
      - /var/run/docker.sock:/var/run/docker.sock:ro
      - ./acme.json:/acme.json:rw
    command:
```

```
      - --entrypoints.web.address=:80
      - --entrypoints.websecure.address=:443
      - --providers.docker.swarmmode=true <- 不同的指令
      - --providers.docker.exposedbydefault=false
      - --certificatesresolvers.letencrypt=true
      - --certificatesresolvers.letencrypt.acme.httpchallenge=true
      - --certificatesresolvers.letencrypt.acme.email=robert@5xcampus.com
      - --certificatesresolvers.letencrypt.acme.storage=acme.json
      - --certificatesresolvers.letencrypt.acme.httpchallenge.entrypoint=web
    deploy:
      replicas: 1
      restart_policy:
        condition: on-failure
      placement:
        constraints: [node.id == 你的固定節點 ID]

networks:
  frontend:
    external: true
  backend:
    external: true
```

關於 Traefik，這裡有一個不一樣的地方是下方的指令，其告訴 Traefik 這是一個 Swarm 的模式：

```
--providers.docker.swarmmode=true
```

還有一個要注意的地方是，這裡的 network 要記得用 `--driver overlay` 的方式來建立，因為現在已經是在 Swarm 的模式內：

```
root@ubuntu-s-1vcpu-512mb-10gb-sgp1-01:~# docker network create --driver
overlay frontend
j7bjkvvpljxx

root@ubuntu-s-1vcpu-512mb-10gb-sgp1-01:~# docker network create --driver
overlay backend
8haow1vp9xq0
```

使用學過的 `docker stack deploy` 的方式來先送出 Traefik 這個服務：

```
root@ubuntu-s-1vcpu-512mb-10gb-sgp1-01:~# docker stack deploy --compose-file
docker-compose.yml todo
Creating service todo_proxy
```

然後，用 `docker service log --follow` 的方式來確認 Traefik 有確實運作：

```
root@ubuntu-s-1vcpu-512mb-10gb-sgp1-01:~# docker service logs --follow
todo_proxy
todo_proxy.1.azgrwa554qor@ubuntu-s-1vcpu-512mb-10gb-sgp1-03    |
time="2022-10-13T16:13:50Z" level=info msg="Configuration loaded from flags."
```

接著運作資料庫及 Redis 的服務，這在 Swarm 模式下就相對單純，在「第 7 章 Docker Swarm」已提過，像這種需要儲存資料的服務，只能強迫其運作在某個節點或是利用外部服務：

```
# docker-compose.yml

version: '3.9'

services:
  proxy:
    ...
  redis:
    image: redis:7-alpine
    networks:
      - backend
    volumes:
      - redis-data:/data
    deploy:
      replicas: 1
      restart_policy:
        condition: on-failure
      labels:
```

```
        - traefik.http.services.redis.loadbalancer.server.port=6379
      placement:
        constraints: [node.id == 你的固定節點 ID]

  database:
    image: postgres:14-alpine
    networks:
      - backend
    volumes:
      - database-data:/data
    environment:
      - POSTGRES_PASSWORD=你的資料庫密碼
    deploy:
      replicas: 1
      restart_policy:
        condition: on-failure
      labels:
        - traefik.http.services.postgres.loadbalancer.server.port=5432
      placement:
        constraints: [node.id == 你的固定節點 ID]

volumes:
  redis-data:
  database-data:

networks:
  ...
  backend:
    external: true
```

一樣透過 `docker stack deploy` 的方式來部署 Redis 及 PostgreSQL 兩個服務：

```
root@ubuntu-s-1vcpu-512mb-10gb-sgp1-01:~# docker stack deploy --compose-file
docker-compose.yml todo <- 不換行
Creating service todo_database
Updating service todo_proxy (id: tvc5zjt4f88aziswhk3blnkzw)
Creating service todo_redis
```

接著養成好習慣，自己用 docker service logs 的方式確認服務的運作情況。

若是都沒問題後，我們就要來部署後端的 API 應用程式了：

```
# docker-compose.yml

version: '3.9'

services:
  proxy:
    ...
  redis:
    ...
  database:
    ...
  api:
    image: robeeerto/todo-list-api:production
    env_file:
      - ./.env
    networks:
      - backend
    deploy:
      replicas: 3
      restart_policy:
        condition: on-failure
      labels:
       - traefik.enable=true
       - traefik.http.routers.api-http.entrypoints=web
       - traefik.http.routers.api-https.entrypoints=websecure
       - traefik.http.routers.api-http.rule=Host(`你購買的網域`)
       - traefik.http.routers.api-https.rule=Host(`你購買的網域`)
       - traefik.http.routers.api-https.tls=true
       - traefik.http.routers.api-https.tls.certresolver=letencrypt
       - traefik.http.middlewares.https-only.redirectscheme.scheme=https
       - traefik.http.routers.api-http.middlewares=https-only
       - traefik.http.routers.api-https.service=api
       - traefik.http.services.api.loadbalancer.server.port=3000
```

```
volumes:
  ...

networks:
  frontend:
    external: true
  backend:
    external: true
```

這裡有用到 `--env-file` 傳入環境變數，使用的方式就是把本地端真實存在的檔案放入服務內，下方為環境變數的內容：

```
# .env

DB_HOST=database <- services 的名字
DB_USER=postgres <- postgres 的預設使用者名稱
DB_PORT=5432 <- postgres 的預設 port
DB_PASSWORD= 你傳入 postgres 的密碼
RAILS_ENV=production
REDIS_HOST=redis <- services 的名字
CABLE_REDIS_URL=redis://redis:6379 <- redis 的路徑
```

其實，也可以用 config 的方式來放到指定的路徑，並形成 .env 的檔案，但這都端看自己設計的應用程式是用什麼樣的方式來讀取環境變數，而用 `--env-file` 算是最簡單的方式，會讓服務在啟動時就擁有環境變數。

透過 `docker stack deploy` 的方式來部署 API 的服務：

```
root@ubuntu-s-1vcpu-512mb-10gb-sgp1-01:~# docker stack deploy --compose-file
docker-compose.yml todo <- 不換行
Updating service todo_database (id: qi3jx1cr19qn1r5b9o52y4gt2)
Updating service todo_proxy (id: tvc5zjt4f88aziswhk3blnkzw)
Updating service todo_redis (id: woxm7k993ak9k5t8sz1igoqo0)
Creating service todo_api
```

一樣透過 `docker service logs` 的方式來確認服務的運作是否正常，接著就可以透過任何請求工具（Postman / curl / Thunder client 等）去確認建立起來的 API 服務是不是有用，可以使用 GET 方法去請求「https:// 你自己的網域 /events」，會得到「Status 200 OK」。

最後一步是部署前端畫面，如下所示：

```
# docker-compose.yml

version: '3.9'

services:
  proxy:
    ...
  redis:
    ...
  database:
    ...
  api:
    ...
  ui:
    image: robeeerto/todo-list-ui:production
    configs:
      - source: ui-env
        target: /app/.env.local
    environment:
      - API_HOST=api
    networks:
      - frontend
      - backend
    deploy:
      replicas: 1
      restart_policy:
        condition: on-failure
      labels:
       - traefik.enable=true
       - traefik.http.routers.ui-http.entrypoints=web
```

```
        - traefik.http.routers.ui-https.entrypoints=websecure
        - traefik.http.routers.ui-http.rule=Host(` 你購買的網域 `)
        - traefik.http.routers.ui-https.rule=Host(` 你購買的網域 `)
        - traefik.http.routers.ui-https.tls=true
        - traefik.http.routers.ui-https.tls.certresolver=letencrypt
        - traefik.http.middlewares.https-only.redirectscheme.scheme=https
        - traefik.http.routers.ui-http.middlewares=https-only
        - traefik.http.routers.ui-https.service=ui
        - traefik.http.services.ui.loadbalancer.server.port=3001

configs:
  ui-env:
    external: true

volumes:
  ...

networks:
  ...
```

這裡實際使用到 config 物件來傳入環境變數，其實一樣可以用 `--env-file` 的方式，但基於範例可以看到越多越好，就一部分改成用 config 的方式，因為 external 的設定關係，需要先建立 config 物件。

下方為 UI 服務的環境變數：

```
# .env.local

NEXT_PUBLIC_CABLE_URL=wss:  // 你的 API 網域名稱 /cable
NEXT_PUBLIC_API=https:      // 你的 API 網域名稱
```

接著建立 config 物件：

```
root@ubuntu-s-1vcpu-512mb-10gb-sgp1-01:~# docker config create ./.env.local
ui-env
r8b90ssgn8ee141tskvyx8oct
```

最後透過 docker stack deploy 的方式來部署 API 的服務：

```
root@ubuntu-s-1vcpu-512mb-10gb-sgp1-01:~# docker stack deploy --compose-file
docker-compose.yml todo <- 不換行
Updating service todo_database (id: qi3jx1cr19qn1r5b9o52y4gt2)
Updating service todo_proxy (id: tvc5zjt4f88aziswhk3blnkzw)
Updating service todo_redis (id: woxm7k993ak9k5t8sz1igoqo0)
Updating service todo_api (id: xkj7it9h2u6n0ifad4o0pkftj)
Creating service todo_ui
```

確認服務正常啟動後，打開瀏覽器輸入你註冊的網域，就會看到如圖 8-15 所示的新增代辦事項畫面。

❖圖 8-15　網站建立成功

點擊「新增」按鈕後，可以新增代辦事項，而且可以看到每一個待辦事項新增時，都來自不同的容器（來源 DNS 為容器的 ID），如圖 8-16 所示。

新增

標題：No.2

內容：No.2

來源 DNS：d4e113bb6f83

點擊完成　刪除

標題：No.1

內容：No.1

來源 DNS：d4e113bb6f83

點擊完成　刪除

❖圖 8-16　新增代辦事項

有興趣的人可以打開兩個瀏覽器視窗，感受一下搭配 Redis 建立的 WebSocket 即時傳訊的功能。恭喜你從完全不懂 Docker 到分別使用 Docker Compose 及 Docker Swarm 部署了應用程式。

下面為整個應用程式的 docker-compose.yml 檔案：

```
# docker-compose.yml

version: '3.9'

services:
  proxy:
    image: traefik:v2.8
    networks:
      - frontend
      - backend
    ports:
      - 80:80
      - 443:443
    volumes:
      - /var/run/docker.sock:/var/run/docker.sock:ro
      - ./acme.json:/acme.json:rw
    command:
      - --entrypoints.web.address=:80
      - --entrypoints.websecure.address=:443
      - --providers.docker.swarmmode=true
      - --providers.docker.exposedbydefault=false
      - --certificatesresolvers.letencrypt=true
      - --certificatesresolvers.letencrypt.acme.httpchallenge=true
      - --certificatesresolvers.letencrypt.acme.email=robert@5xcampus.com
      - --certificatesresolvers.letencrypt.acme.storage=acme.json
      - --certificatesresolvers.letencrypt.acme.httpchallenge.entrypoint=web
    deploy:
      replicas: 1
      restart_policy:
        condition: on-failure
      placement:
        constraints: [node.id == 你的固定節點 ID]
```

```
redis:
  image: redis:7-alpine
  networks:
    - backend
  volumes:
    - redis-data:/data
  deploy:
    replicas: 1
    restart_policy:
      condition: on-failure
    labels:
      - traefik.http.services.redis.loadbalancer.server.port=6379
    placement:
      constraints: [node.id == 你的固定節點 ID]

database:
  image: postgres:14-alpine
  networks:
    - backend
  volumes:
    - database-data:/data
  environment:
    - POSTGRES_PASSWORD=robert
  deploy:
    replicas: 1
    restart_policy:
      condition: on-failure
    labels:
      - traefik.http.services.postgres.loadbalancer.server.port=5432
    placement:
      constraints: [node.id == 你的固定節點 ID]

api:
  image: robeeerto/todo-list-api:production
  env_file:
    - ./.env
  networks:
```

```
      - backend
    deploy:
      replicas: 3
      restart_policy:
        condition: on-failure
      labels:
       - traefik.enable=true
       - traefik.http.routers.api-http.entrypoints=web
       - traefik.http.routers.api-https.entrypoints=websecure
       - traefik.http.routers.api-http.rule=Host(`你購買的網域`)
       - traefik.http.routers.api-https.rule=Host(`你購買的網域`)
       - traefik.http.routers.api-https.tls=true
       - traefik.http.routers.api-https.tls.certresolver=letencrypt
       - traefik.http.middlewares.https-only.redirectscheme.scheme=https
       - traefik.http.routers.api-http.middlewares=https-only
       - traefik.http.routers.api-https.service=api
       - traefik.http.services.api.loadbalancer.server.port=3000

  ui:
    image: robeeerto/todo-list-ui:production
    configs:
      - source: ui-env
        target: /app/.env.local
    environment:
      - API_HOST=api
    networks:
      - frontend
      - backend
    deploy:
      replicas: 1
      restart_policy:
        condition: on-failure
      labels:
       - traefik.enable=true
       - traefik.http.routers.ui-http.entrypoints=web
       - traefik.http.routers.ui-https.entrypoints=websecure
       - traefik.http.routers.ui-http.rule=Host(`你購買的網域`)
       - traefik.http.routers.ui-https.rule=Host(`你購買的網域`)
```

```
      - traefik.http.routers.ui-https.tls=true
      - traefik.http.routers.ui-https.tls.certresolver=letencrypt
      - traefik.http.middlewares.https-only.redirectscheme.scheme=https
      - traefik.http.routers.ui-http.middlewares=https-only
      - traefik.http.routers.ui-https.service=ui
      - traefik.http.services.ui.loadbalancer.server.port=3001

configs:
  ui-env:
    external: true

volumes:
  database-data:
  redis-data:

networks:
  frontend:
    external: true
  backend:
    external: true
```

關於 Traefik 的設定，其實都可以沿用，所以在本章就沒有多提，因為都和「8.2 利用 Traefik 部署自己的映像檔儲存庫」時相同。

在 Docker 的世界中，還有很多資訊等待大家去發掘，本書的主要目的是希望新手能夠快速使用 Docker 來部署應用程式，並且理解最基礎的概念。至於如何用更高規格的方式來維護一個應用程式，則是在學會基本的部署後要繼續努力的課題，希望大家都能夠在開發和維運的路上學習到更多，然後變得更厲害。

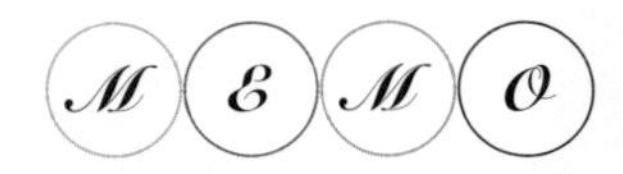
MEMO

各章演練解答

A.1 第 2 章解答

2.1.15 容器生命週期演練

1. 請你在背景執行三個不同的服務，分別是 nginx、postgres、httpd（apache），並且分別給容器命名。
2. nginx 要執行在 80:80，postgres 要執行在 5432:5432，httpd 則要執行在 8080:80。
3. 當你在啟動 postgres 容器時，需要給予環境變數 `--env POSTGRES_PASSWORD =mysecretpassword`，才能夠正確啟動。

1~3 題解答：由於讀者們在練習時，本機應該是沒有 postgre、httpd 這些映像檔，所以會重現容器啟動時所發生的一切，可以回想一下剛剛的流程，或是往回翻閱，是不是如你所想呢？

```
$ docker container run --detach --name nginx --publish 80:80 nginx
b9ba4eadf1896ea33d6a01ba6e6ac009a5e2e5b4ae93e94879f2843f8ac536d1

$ docker container run --detach --name pg --publish 5432:5432 --env
POSTGRES_PASSWORD=mysecretpassword postgres
3b7b5f7a1ef24a58603e77dd6e2e2873b79f96a5efbaea877139941f40ad5bbb

$ docker container run --detach --name apache --publish 8080:80 httpd
91298103ea23f0275ddfbd3f062791f32bbd187dac9bffe7d5acaaa33435b820
```

4. 使用 `docker container logs` 指令，來確認服務都有正常啟動。

```
$ docker container logs nginx
/docker-entrypoint.sh: /docker-entrypoint.d/ is n...
/docker-entrypoint.sh: Looking for shell scripts in ...
/docker-entrypoint.sh: Launching /docker-entrypoint.d/10-listen-o...
10-listen-on-ipv6-by-default.sh: info: Getting the checksum of /etc/nginx...
10-listen-on-ipv6-by-default.sh: info: Enabled listen on IPv6 in /etc/
```

```
nginx...

$ docker container logs pg
PostgreSQL init process complete; ready for start up.

2022-08-27 12:23:37.566 UTC [1] LOG:  starting Postre..
2022-08-27 12:23:37.566 UTC [1] LOG:  listening on IP..
2022-08-27 12:23:37.566 UTC [1] LOG:  listening on IPv..
2022-08-27 12:23:37.574 UTC [1] LOG:  listening on Un..
2022-08-27 12:23:37.584 UTC [60] LOG:  database syst..
2022-08-27 12:23:37.594 UTC [1] LOG:  database system...

$ docker container logs apache
AH00558: httpd: Could not reliably determine the serve..
AH00558: httpd: Could not reliably determine the ser...
[Sat Aug 27 12:22:50.192367 2022] [mpm_event:notice] [pid 1:tid 1405....]
[Sat Aug 27 12:22:50.194186 2022] [core:notice] [pid 1:tid 140564....]
```

5. 停止並刪除上述三個容器。

停止及刪除的指令可以搭配複數的容器，不需要一個一個輸入。

```
---- 先退出，再刪除 ----
$ docker container stop nginx pg apache
nginx
pg
apache

$ docker container rm nginx pg apache
nginx
pg
apache

---- 強制刪除 ----
$ docker container rm --force nginx pg apache
nginx
pg
apache
```

6. 使用 `docker container list --all` 指令，來確認容器都有徹底刪除。

```
$ docker container list --all
CONTAINER ID IMAGE COMMAND CREATED STATUS PORTS NAMES
```

2.2.10 不同作業系統的容器演練

1. 利用終端機指令搭配 `--interactive --tty` 的方式，分別進入 centos:centos7 以及 ubuntu:20.04 兩個映像檔建立的容器中。
2. 在 ubuntu 的容器中，使用 `apt-get update && apt-get install curl` 指令安裝套件。
3. 在 centos 的容器中，使用 `yum update curl` 指令安裝套件。
4. 分別在兩個容器中使用 `curl --version` 檢查版本，也是確認安裝成功的方式。

1~4 題解答：

進入 CentOS：

```
$ docker container run --interactive --tty centos:centos7
[root@a04edfc93dd3 /]# yum update curl
.......安裝程序
Complete!
[root@a04edfc93dd3 /]# curl --version
curl 7.29.0 (x86_64-redhat-linux-gnu) libcurl/7.2....
```

進入 Ubuntu：

```
$ docker container run --interactive --tty ubuntu:20.04
root4093fdeb122:/# apt-get update && apt-get install curl
.......安裝程序
Running hooks in /etc/ca-certificates/update.d...
done.
root4093fdeb122:/# curl --version
curl 7.68.0 (x86_64-pc-linux-gnu) libcurl/7.68.0 Op...
```

5. 上網查看容器的 --rm 指令代表什麼，並且使用在這次的演練中。

--rm 指令意味著這個容器進入退出狀態時會自動刪除，省去了 docker container rm 的動作，至於要如何應用在這次的演練中呢？就是在啟動容器的時候加入即可，如下所示：

```
$ docker container run --rm --interactive --tty ubuntu:20.04 # 不換行
```

A.2 第 3 章解答

 3.3.5 Round-robin DNS 演練

1. 手動建立一個虛擬網路。

```
$ docker network create practice
1ff4a785b4d09b2ec644bfe76fd4
```

2. 上網查詢一下關於 --network-alias 指令的作用。

該指令的作用就是給予不同的容器相同的別名來做到負載平衡，這樣子使用 alias 的 DNS 在請求時，就會平均分配到有被註冊進這個名單的容器。

3. 建立兩個 robeeerto / whoami 的容器綁定到剛剛建立的虛擬網路，並且加入 --network-alias whoami 指令，讓這兩個容器共用 whoami 這個別名，這裡不用特地打開 port，是因為你並沒有要讓服務暴露到網際網路中。

```
$ docker container run --detach --network practice --network-alias whoami
robeeerto/whoami # 不換行
4c3ca560e1cd85b3167657586207ff9...

$ docker container run --detach --network practice --network-alias whoami
```

```
robeeerto/whoami # 不換行
16c4bbbb5fa848c06264f0a6c5afaefb....
```

這裡執行兩次相同的指令，會發現我們並沒有給予容器個別的名字，反倒是用了 --network-alias 指令。至於不需要打開 port 的原因，除了不讓服務暴露在網際網路中之外，是因為映像檔本身的設計，就會讓容器打開自己的 port，而在虛擬網路內部，其他容器是可以直接透過目標容器自己打開的 port 訪問內部的。

4. 使用 centos:centos7 中內建的 curl 套件，並執行 curl -s whoami:3000 指令去請求 whoami 這個 DNS，多嘗試幾次，你會發現內容有所不同。

```
$ docker container run --rm --network practice centos:centos7 curl -s
whoami:3000 # 不換行
容器名稱：16c4bbbb5fa8<br> 容器的 IP 位置：172.27.0.3

$ docker container run --rm --network practice centos:centos7 curl -s
whoami:3000 # 不換行
容器名稱：4c3ca560e1cd<br> 容器的 IP 位置：172.27.0.2
```

可以看到訪問相同的 DNS，但回應的卻是不同的容器，這就是基礎的負載平衡。

A.3 第 4 章解答

4.11.2 建置映像檔及執行容器演練

1. 進入本書的 GitHub 儲存庫中「ch-04 的 build-image-practice」，可以看到所有檔案，並以編輯器打開。

2. 手動建立一個 Dockerfile。

```
$ touch Dockerfile # 手動建立也可以
```

3. 使用 node:16-alpine 作為基礎映像檔。

自此開始進入 Dockerfile 內編輯。

```
FROM node:16-alpine
```

4. 在 alpine 作業系統下安裝 libc6-compat 這個套件。

```
FROM node:16-alpine
RUN apk add libc6-compat
```

5. 複製所有檔案至映像檔的檔案系統內。

```
FROM node:16-alpine
RUN apk add libc6-compat
COPY . .
```

6. 使用 `yarn install` 指令安裝相關套件。

```
FROM node:16-alpine
RUN apk add libc6-compat
COPY . .
RUN yarn install
```

7. 打開 port 3000。

```
FROM node:16-alpine
RUN apk add libc6-compat
COPY . .
RUN yarn install
EXPOSE 3000
```

8. 加入 `yarn dev -p 3000` 的初始指令。

```
FROM node:16-alpine
RUN apk add libc6-compat
```

```
COPY . .
RUN yarn install
EXPOSE 3000
CMD [ "yarn", "dev", "-p", "3000" ]
```

以上就是依照步驟而完成的 Dockerfile，可以利用之前章節提過的變動率，來移動這個 Dockerfile 的執行順序，變成以下的順序：

```
FROM node:16-alpine
EXPOSE 3000
CMD [ "yarn", "dev", "-p", "3000" ]
RUN apk add libc6-compat
COPY . .
RUN yarn install
```

9. **使用 `docker image build` 指令建置映像檔。**

這裡使用「`docker image build --tag whatever .`」，將映像檔暫時命名為「whatever」。

```
$ docker image build --tag whatever .
[+] Building 120.6s (10/10) FINISHED
 => [internal] load build definition from Dockerfile                    0.1s
 => => transferring dockerfile: 160B                                    0.0s
 => [internal] load .dockerignore                                       0.2s
 => => transferring context: 2B                                         0.0s
 => [internal] load metadata for docker.io/library/node:16-alpine       3.2s
 => [auth] library/node:pull token for registry-1.docker.io             0.3s
 => CACHED [1/4] FROM docker.io/library/node:16-alpine@sha256:2c..... 0.0s
 => [internal] load build context                                       0.8s
 => => transferring context: 196.06kB                                   0.8s
 => [2/4] RUN apk add libc6-compat                                      2.4s
 => [3/4] COPY . .                                                      0.1s
 => [4/4] RUN yarn install                                             82.6s
 => exporting to image                                                 41.7s
 => => exporting layers                                                41.6s
 => => writing image sha256:sha256:f33b1b1615f340532a61525749c....     0.0s
 => => naming to docker.io/library/whatever
```

10. 使用 `docker container run` 指令確定映像檔的可執行性。

這裡使用 `docker container run --publish 3000:3000` 去對應到我們設定打開的 port。

```
$ docker container run --publish 3000:3000 whatever
yarn run v1.22.19
$ next dev -p 3000
ready - started server on 0.0.0.0:3000, url: http://localhost:3000
info  - SWC minify release candidate enabled. https://nextjs.link/swcmin
event - compiled client and server successfully in 6.6s (178 modules)
wait  - compiling...
event - compiled client and server successfully in 2.2s (178 modules)
Attention: Next.js now collects completely anonymous telemetry regarding
usage.
This information is used to shape Next.js' roadmap and prioritize features.
You can learn more, including how to opt-out if you'd not like to
participate in this anonymous program, by visiting the following URL:
https://nextjs.org/telemetry

wait  - compiling /_error (client and server)...
wait  - compiling / (client and server)...
event - compiled client and server successfully in 2.6s (182 modules)
warn  - Fast Refresh had to perform a full reload. Read more: https://
nextjs.org/docs/basic-features/fast-refresh#how-it-works
```

11. 輸入網址「http://localhost:3000」，當看到「恭喜你成功打包成映像檔，並執行成容器！」，則表示成功。

12. 重新替映像檔貼上可以上傳到 DockerHub 的標籤，並上傳至自己的 DockerHub。

而以我個人來說，就會把標籤換成 robeeerto 開頭，這樣才可以上傳至我的 DockerHub。

```
$ docker image tag whatever robeeerto/whatever:latest
# 沒反應是正常的


$ docker image push robeeerto/whatever:latest
```

```
9bd16c17a62b: Pushed
316042a1553e: Pushed
65573d05bfcd: Pushed
f1ed0bba6314: Mounted from library/node
2808ff9120f2: Mounted from library/node
cb6eda6d73f0: Mounted from library/node
994393dc58e7: Pushed
latest: digest: sha256:adcb3323755b080f1cef... size: 1792
```

13. **刪掉本地端的映像檔，使用 `docker container run` 的方式，從 DockerHub 取用自製的映像檔，並執行成容器。**

我們把本地的映像檔刪掉，以解答的例子來說，我們要刪掉 whatever 以及 robeeerto/whatever 這兩個映像檔。

```
$ docker image rm whatever robeeerto/whatever
Untagged: whatever:latest
Untagged: robeeerto/whatever:latest
Untagged: robeeerto/whatever@sha256:adcb3323755b080f1cefc8.......
Deleted: sha256:f33b1b1615f340532a61525749c90cfdcaee67417.....
```

解答的例子是使用 robeeerto/whatever 這個映像檔作為啟動容器的說明書，因為上傳至 DockerHub 的關係，即時本地端沒有這個映像檔，Docker 也會主動幫我們從 DockerHub 上拉下來，並建立容器。

```
$ docker container run --publish 3000:3000 robeeerto/whatever:latest
Unable to find image 'robeeerto/whatever:latest' locally
latest: Pulling from robeeerto/whatever
213ec9aee27d: Already exists
864b973d1bf1: Already exists
80fe61ad56f5: Already exists
e3887ab559e6: Already exists
17e084a3f122: Already exists
330558c46229: Already exists
5ff3f9684e51: Already exists
Digest: sha256:adcb3323755b080f1cefc832b25583673e96d287e54baa5b6fad2081f90
```

```
5ea93
Status: Downloaded newer image for robeeerto/whatever:latest
yarn run v1.22.19
$ next dev -p 3000
ready - started server on 0.0.0.0:3000, url: http://localhost:3000
info  - SWC minify release candidate enabled. https://nextjs.link/swcmin
event - compiled client and server successfully in 7.1s (178 modules)
wait  - compiling...
event - compiled client and server successfully in 2.3s (178 modules)
Attention: Next.js now collects completely anonymous telemetry regarding
usage.
This information is used to shape Next.js' roadmap and prioritize features.
You can learn more, including how to opt-out if you'd not like to participate
in this anonymous program, by visiting the following URL:
https://nextjs.org/telemetry
```

接著就算打開 http://localhost:3000，一樣會看到成功的畫面。

A.4 第 5 章解答

5.5.2 測驗 Volume 與 Bind Mount 的概念

1. 哪一種方式可以將存在於本機的檔案連接到容器內？

Bind Mount 的方式才能實踐這一個功能；volume 的方式並不能將存在本機的檔案放入容器內，volume 更像是替容器開了一個外部儲存空間的概念。

2. 當我們在使用 Bind Mount 的方式時，$(pwd) 代表的是什麼意思呢？

代表「這裡」的意思，英文的原意是「print working directory」，印出現在正在工作的資料夾（絕對路徑）。

3. 今天執行了一個需要儲存空間的服務（MySQL、PostgreSQL、Redis、Elasticsearch 等），我要如何知道容器內存放資料的路徑呢？

仔細閱讀 DockerHub 上面的說明，這類型需要儲存空間的服務一定都會寫在說明中，告訴你容器內部存放資料的路徑；再者，就是前面有示範過的方式，先拉下要使用的映像檔，並且使用 `docker image inspect` 的方式去查看存放資料的路徑。

5.5.3 升級資料庫版本演練

1. 以 mariadb:10.3 的映像檔建立容器，並且把 volume 命名為「mariadb-data」，且連接到容器上，確認容器的 logs 一切正常。透過閱讀 DockerHub 上的使用說明，來得到啟動容器所需要的參數以及容器內儲存資料的路徑。

來到 mariadb 的 DockerHub 頁面，可以看到使用說明上關於啟動服務需要的環境變數。

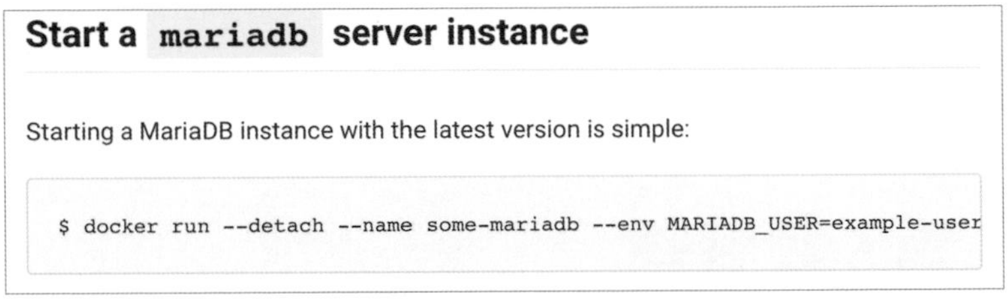

Start a `mariadb` server instance

Starting a MariaDB instance with the latest version is simple:

```
$ docker run --detach --name some-mariadb --env MARIADB_USER=example-user
```

❖圖 A-1　啟動 mariadb 需要的參數

接著需要找到容器內資料庫的儲存路徑，往下滑會看到官方說明也有明確標示出要如何儲存資料。

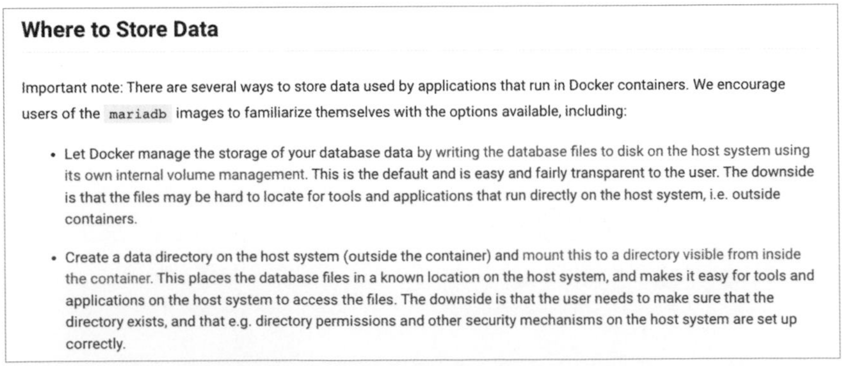

Where to Store Data

Important note: There are several ways to store data used by applications that run in Docker containers. We encourage users of the `mariadb` images to familiarize themselves with the options available, including:

- Let Docker manage the storage of your database data by writing the database files to disk on the host system using its own internal volume management. This is the default and is easy and fairly transparent to the user. The downside is that the files may be hard to locate for tools and applications that run directly on the host system, i.e. outside containers.
- Create a data directory on the host system (outside the container) and mount this to a directory visible from inside the container. This places the database files in a known location on the host system, and makes it easy for tools and applications on the host system to access the files. The downside is that the user needs to make sure that the directory exists, and that e.g. directory permissions and other security mechanisms on the host system are set up correctly.

❖圖 A-2　mariadb 容器內的檔案儲存路徑

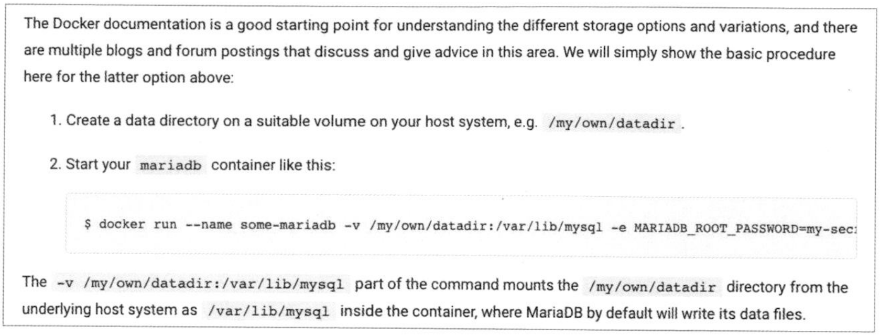

The Docker documentation is a good starting point for understanding the different storage options and variations, and there are multiple blogs and forum postings that discuss and give advice in this area. We will simply show the basic procedure here for the latter option above:

1. Create a data directory on a suitable volume on your host system, e.g. `/my/own/datadir`.
2. Start your `mariadb` container like this:

```
$ docker run --name some-mariadb -v /my/own/datadir:/var/lib/mysql -e MARIADB_ROOT_PASSWORD=my-sec:
```

The `-v /my/own/datadir:/var/lib/mysql` part of the command mounts the `/my/own/datadir` directory from the underlying host system as `/var/lib/mysql` inside the container, where MariaDB by default will write its data files.

❖圖 A-2　mariadb 容器內的檔案儲存路徑（續）

接著可以正式啟動 maridb:10.3 的服務：

```
$ docker run --detach --name maria-db --env MARIADB_USER=user --env
MARIADB_PASSWORD=password --env MARIADB_ROOT_PASSWORD=password --volume
mariadb-data:/var/lib/mysql mariadb:10.3 # 不換行
Unable to find image 'mariadb:10.3' locally
10.3: Pulling from library/mariadb
675920708c8b: Pull complete
8cd439041170: Pull complete
566a6a9b01f3: Pull complete
033be70909e9: Pull complete
e62d5ac9f0cc: Pull complete
482b55ad0b73: Pull complete
73f5e77b89d0: Pull complete
5bc9da099573: Pull complete
59fd6ada2b2c: Pull complete
eaaa8398274c: Pull complete
0fdd4bd4ac7c: Pull complete
938a2e87683b: Pull complete
Digest: sha256:c769235db77fff4b6dc1eccb32cfc51b40b686a450bf12e6eecf...
Status: Downloaded newer image for mariadb:10.3
8d1f095437b3fcfc1f535d97723924780ae494a1f4a0f03caee47132d17fded7
```

成功啟動後，先檢查一下 volume 是不是有正確建立：

```
$ docker volume list
DRIVER    VOLUME NAME
local     mariadb-data
```

再來，確認一下服務的 logs 有沒有什麼錯誤訊息：

```
$ docker container logs --follow maria-db
2022-09-18 09:57:31+00:00 [Note] [Entrypoint]: Entrypoint script for
MariaDB Server 1:10.3.36+maria~ubu2004 started.
2022-09-18 09:57:31+00:00 [Note] [Entrypoint]: Switching to dedicated user
'mysql'
2022-09-18 09:57:31+00:00 [Note] [Entrypoint]: Entrypoint script for
MariaDB Server 1:10.3.36+maria~ubu2004 started.
2022-09-18 09:57:31+00:00 [Note] [Entrypoint]: MariaDB upgrade not required
2022-09-18  9:57:31 0 [Note] mysqld (mysqld 10.3.36-MariaDB-1:10.3.36+maria
~ubu2004) starting as process 1 ...
2022-09-18  9:57:31 0 [Note] InnoDB: Using Linux native AIO
2022-09-18  9:57:31 0 [Note] InnoDB: Mutexes and rw_locks use GCC atomic
builtins
2022-09-18  9:57:31 0 [Note] InnoDB: Uses event mutexes
2022-09-18  9:57:31 0 [Note] InnoDB: Compressed tables use zlib 1.2.11
2022-09-18  9:57:31 0 [Note] InnoDB: Number of pools: 1
2022-09-18  9:57:31 0 [Note] InnoDB: Using SSE2 crc32 instructions
2022-09-18  9:57:31 0 [Note] InnoDB: Initializing buffer pool, total size
= 256M, instances = 1, chunk size = 128M
2022-09-18  9:57:31 0 [Note] InnoDB: Completed initialization of buffer
pool
2022-09-18  9:57:31 0 [Note] InnoDB: If the mysqld execution user is
authorized, page cleaner thread priority can be changed. See the man page
of setpriority().
2022-09-18  9:57:31 0 [Note] InnoDB: Starting crash recovery from
checkpoint LSN=1625452
2022-09-18  9:57:31 0 [Note] InnoDB: 128 out of 128 rollback segments are
active.
2022-09-18  9:57:31 0 [Note] InnoDB: Removed temporary tablespace data file:
"ibtmp1"
2022-09-18  9:57:31 0 [Note] InnoDB: Creating shared tablespace for
temporary tables
2022-09-18  9:57:31 0 [Note] InnoDB: Setting file './ibtmp1' size to 12 MB.
Physically writing the file full; Please wait ...
2022-09-18  9:57:31 0 [Note] InnoDB: File './ibtmp1' size is now 12 MB.
2022-09-18  9:57:31 0 [Note] InnoDB: 10.3.36 started; log sequence number
```

```
1625461; transaction id 20
2022-09-18  9:57:31 0 [Note] InnoDB: Loading buffer pool(s) from /var/lib/
mysql/ib_buffer_pool
2022-09-18  9:57:31 0 [Note] Plugin 'FEEDBACK' is disabled.
2022-09-18  9:57:31 0 [Note] Recovering after a crash using tc.log
2022-09-18  9:57:31 0 [Note] Starting crash recovery...
2022-09-18  9:57:31 0 [Note] Crash recovery finished.
2022-09-18  9:57:31 0 [Note] InnoDB: Buffer pool(s) load completed at
220918  9:57:31
2022-09-18  9:57:31 0 [Note] Server socket created on IP: '::'.
2022-09-18  9:57:31 0 [Note] Reading of all Master_info entries succeeded
2022-09-18  9:57:31 0 [Note] Added new Master_info '' to hash table
2022-09-18  9:57:31 0 [Note] mysqld: ready for connections. <- 等待連接代表
啟動是正常的
```

透過 logs 確認 MariaDB 已經正確啟動。

2. 確認一切都沒問題後，暫停掉以 mariadb:10.3 的映像檔所建立容器。

```
$ docker container stop maria-db
maria-db
```

3. 改以 mariadb:10.8 的映像檔來建立新的容器，並且將 mariadb-data 這個 volume 連接到容器上，並確認容器的 logs 一切正常。

```
$ docker run --detach --name maria-db-new --env MARIADB_USER=user --env
MARIADB_PASSWORD=password --env MARIADB_ROOT_PASSWORD=password --volume
mariadb-data:/var/lib/mysql mariadb:10.8 # 不換行
Unable to find image 'mariadb:10.8' locally
10.3: Pulling from library/mariadb
675920708c8b: Pull complete
8cd439041170: Pull complete
566a6a9b01f3: Pull complete
033be70909e9: Pull complete
e62d5ac9f0cc: Pull complete
482b55ad0b73: Pull complete
73f5e77b89d0: Pull complete
```

```
5bc9da099573: Pull complete
59fd6ada2b2c: Pull complete
eaaa8398274c: Pull complete
0fdd4bd4ac7c: Pull complete
938a2e87683b: Pull complete
Digest: sha256:c8f817ab07d329fc9ff888fd19b0c5718d177411132c4d7b3e907...
Status: Downloaded newer image for mariadb:10.8
77bac6edd4011ba726adbfa0043b51111039ac10845c1a10b4b7e3a15a35ff05
```

接著再次列出 volume，確認沒有因為新的服務而啟動新的 volume：

```
$ docker volume list
DRIVER    VOLUME NAME
local     mariadb-data
```

一樣透過 `docker container logs` 的方式，確認新版本的 MariaDB 有正確啟動：

```
$ docker container logs --follow maria-db-new
2022-09-18 10:07:01+00:00 [Note] [Entrypoint]: Entrypoint script for MariaDB
Server 1:10.8.4+maria~ubu2204 started.
2022-09-18 10:07:01+00:00 [Note] [Entrypoint]: Switching to dedicated user
'mysql'
2022-09-18 10:07:01+00:00 [Note] [Entrypoint]: Entrypoint script for MariaDB
Server 1:10.8.4+maria~ubu2204 started.
2022-09-18 10:07:01+00:00 [Note] [Entrypoint]: MariaDB upgrade (mariadb-
upgrade) required, but skipped due to $MARIADB_AUTO_UPGRADE setting
2022-09-18 10:07:01 0 [Note] mariadbd (server 10.8.4-MariaDB-1:10.8.4+maria
~ubu2204) starting as process 1 ...
2022-09-18 10:07:01 0 [Note] InnoDB: Compressed tables use zlib 1.2.11
2022-09-18 10:07:01 0 [Note] InnoDB: Number of transaction pools: 1
2022-09-18 10:07:01 0 [Note] InnoDB: Using crc32 + pclmulqdq instructions
2022-09-18 10:07:01 0 [Note] mariadbd: O_TMPFILE is not supported on /tmp
(disabling future attempts)
2022-09-18 10:07:01 0 [Warning] mariadbd: io_uring_queue_init() failed with
ENOMEM: try larger memory locked limit, ulimit -l, or https://mariadb.com/
kb/en/systemd/#configuring-limitmemlock under systemd (262144 bytes required)
2022-09-18 10:07:01 0 [Warning] InnoDB: liburing disabled: falling back to
```

```
innodb_use_native_aio=OFF
2022-09-18 10:07:01 0 [Note] InnoDB: Initializing buffer pool, total size
= 128.000MiB, chunk size = 2.000MiB
2022-09-18 10:07:01 0 [Note] InnoDB: Completed initialization of buffer pool
2022-09-18 10:07:01 0 [Note] InnoDB: File system buffers for log disabled
(block size=512 bytes)
2022-09-18 10:07:01 0 [Note] InnoDB: Upgrading redo log: 96.000MiB; LSN=
1625479
2022-09-18 10:07:01 0 [Note] InnoDB: File system buffers for log disabled
(block size=512 bytes)
2022-09-18 10:07:01 0 [Note] InnoDB: 128 rollback segments are active.
2022-09-18 10:07:01 0 [Note] InnoDB: Setting file './ibtmp1' size to
12.000MiB. Physically writing the file full; Please wait ...
2022-09-18 10:07:01 0 [Note] InnoDB: File './ibtmp1' size is now 12.000MiB.
2022-09-18 10:07:01 0 [Note] InnoDB: log sequence number 1625479; transaction
id 20
2022-09-18 10:07:01 0 [Note] InnoDB: Loading buffer pool(s) from /var/lib/
mysql/ib_buffer_pool
2022-09-18 10:07:01 0 [Note] Plugin 'FEEDBACK' is disabled.
2022-09-18 10:07:01 0 [Warning] You need to use --log-bin to make --expire-
logs-days or --binlog-expire-logs-seconds work.
2022-09-18 10:07:01 0 [Note] Server socket created on IP: '0.0.0.0'.
2022-09-18 10:07:01 0 [Note] Server socket created on IP: '::'.
2022-09-18 10:07:01 0 [Note] InnoDB: Buffer pool(s) load completed at
220918 10:07:01
2022-09-18 10:07:01 0 [ERROR] Incorrect definition of table mysql.event:
expected column 'definer' at position 3 to have type varchar(, found type
char(141).
2022-09-18 10:07:01 0 [ERROR] mariadbd: Event Scheduler: An error occurred
when initializing system tables. Disabling the Event Scheduler.
2022-09-18 10:07:01 0 [Note] mariadbd: ready for connections.<- 等待連接代表
啟動是正常的
```

再透過 docker container inspect 指令，去確認一下新版本的 MariaDB 是否連接到 mariadb-data 這個 volume：

```
$ docker container inspect maria-db-new
[
```

```
...
{
 "Mounts": [
  {
   "Type": "volume",
   "Name": "mariadb-data",
   "Source": "/var/lib/docker/volumes/mariadb-data/_data",
   "Destination": "/var/lib/mysql",
   "Driver": "local",
   "Mode": "z",
   "RW": true,
   "Propagation": ""
  }
 ]
}
...
]
```

這樣就成功升級了 MariaDB 的版本，且使用了同一個 volume 來避免資料的流失。

5.5.4 在執行的容器中修改程式碼演練

1. 首先取得本次演練的範例檔檔案，放在 ch-05 的 bind-amount-practice 中。確認進入到檔案目錄後，這次是根據 `robeeerto/hugo:latest` 這個映像檔作為容器的基底，並且打開 1313 的 port，同時把當前目錄的 content 資料夾用 Bind Mount 的方式放到容器中的 `/app/content` 的位置，接著打開瀏覽器輸入「http://localhost:1313」，確認服務有正式啟動，可以看到畫面。

根據該章節，知道可以透過兩種方式來達到一樣的目的，分別是 `--volume` 及 `--mount`。

使用 --volume 的方式：

```
$ docker container run --publish 1313:1313 --name hugo --volume $(pwd)/
content:/app/content robeeerto/hugo # 不換行
Start building sites …
hugo v0.92.2+extended linux/amd64 BuildDate=2022-02-23T16:47:50Z
```

```
VendorInfo=ubuntu:0.92.2-1

                   | EN
-------------------+-----
  Pages            | 10
  Paginator pages  |  0
  Non-page files   |  0
  Static files     |  1
  Processed images |  0
  Aliases          |  1
  Sitemaps         |  1
  Cleaned          |  0

Built in 99 ms
Watching for changes in /app/{content,themes}
Watching for config changes in /app/config.toml, /app/themes/ananke/config.yaml
Environment: "development"
Serving pages from memory
Running in Fast Render Mode. For full rebuilds on change: hugo server
--disableFastRender
Web Server is available at http://localhost:1313/ (bind address 0.0.0.0)
Press Ctrl+C to stop
```

使用 --mount 的方式：

```
$ docker container run --publish 1313:1313 --name hugo --mount type=bind,
source=$(pwd)/content,target=/app/content robeeerto/hugo # 不換行
Start building sites …
hugo v0.92.2+extended linux/amd64 BuildDate=2022-02-23T16:47:50Z
VendorInfo=ubuntu:0.92.2-1

                   | EN
-------------------+-----
  Pages            | 10
  Paginator pages  |  0
  Non-page files   |  0
  Static files     |  1
  Processed images |  0
```

```
  Aliases          | 1
  Sitemaps         | 1
  Cleaned          | 0

Built in 99 ms
Watching for changes in /app/{content,themes}
Watching for config changes in /app/config.toml, /app/themes/ananke/config.yaml
Environment: "development"
Serving pages from memory
Running in Fast Render Mode. For full rebuilds on change: hugo server
--disableFastRender
Web Server is available at http://localhost:1313/ (bind address 0.0.0.0)
Press Ctrl+C to stop
```

不論採用哪種方式，打開瀏覽器輸入「http://localhost:1313」，就會看到圖 A-3 的畫面。

❖圖 A-3　Hugo 執行成功畫面

2. 接著編輯當前目錄中 `content/posts` 內的 practice.md 這個檔案的內文，看看瀏覽器的刷新以及變化。

透過編輯器修改了 `practice.md` 的內文，此時重新回到瀏覽器，就會發現內容已經更動了，有沒有突然覺得 Bind Mount 真的超級好用呢？

Recent Posts

Practice

大標題 這是修改的文字，而且是即時更新的唷！

read more

❖圖 A-4　更新的文章內容

您也能試試看按照相同的格式新增文章，看看會發生什麼事。

A.5 第 6 章解答

6.5.1　透過 Docker Compose 建立 Drupal 演練

答案可在本書的 GitHub 儲存庫中「ch-06 的 docker-compose-drupal-answer」找到。

1. 使用 drupal 及 postgres:14-alpine 兩個映像檔作為 service。

使用 drupal 及 postgres 當作服務，所以可以先把 docker-compose.yml 寫成這樣：

```
version: '3.9'

services:
  drupal:
    image: drupal:latest
    container_name: drupal

  database:
```

```
    image: postgres:14-alpine
    container_name: database
```

2. 把 drupal 這個服務的 port 打開到 8080，這樣你可以透過 http://localhost:8080 來進入服務。

```
version: '3.9'

services:
  drupal:
    image: drupal:latest
    container_name: drupal
    ports:
      - 8080:80

  database:
    image: postgres:14-alpine
    container_name: database
```

3. 要記得 postgres 映像檔啟動時，需要 POSTGRES_PASSWORD、POSTGRES_DB、POSGRES_USER 這些環境變數，不要忘了用 Volume 來儲存資料。

這裡的資料庫相關設定一樣採用前面有提過的 .env 來注入環境變數，忘記的人可以往前翻閱。

```
version: '3.9'

services:
  drupal:
    image: drupal:latest
    container_name: drupal
    ports:
      - 8080:80

  database:
    image: postgres:14-alpine
    container_name: database
```

```
    enviroment:
      - POSTGRES_DB=${DB_NAME}
      - POSTGRES_USER=${DB_USER}
      - POSTGRES_PASSWORD=${DB_PASSWORD}
    volumes:
      - database:/var/lib/postgresql/data

volumes:
  database:
```

4. 閱讀 Drupal 在 DockerHub 的說明，並且用 Volume 來儲存 Drupal 的設定、外觀、模組等。

Another solution using Docker Volumes:

```
$ docker volume create drupal-sites
$ docker run --rm -v drupal-sites:/temporary/sites drupal cp -aRT /var/ww
$ docker run --name some-drupal --network some-network -d \
        -v drupal-modules:/var/www/html/modules \
        -v drupal-profiles:/var/www/html/profiles \
        -v drupal-sites:/var/www/html/sites \
        -v drupal-themes:/var/www/html/themes \
        drupal
```

❖圖 A-5　Drupal DockerHub Volume 說明

```
version: '3.9'

services:
  drupal:
    image: drupal:latest
    container_name: drupal
    ports:
      - 8080:80
    volumes:
      - drupal-modules:/var/www/html/modules
      - drupal-profiles:/var/www/html/profiles
      - drupal-sites:/var/www/html/sites
      - drupal-themes:/var/www/html/themes
```

```
  database:
    image: postgres:14-alpine
    container_name: database
    enviroment:
      - POSTGRES_DB=${DB_NAME}
      - POSTGRES_USER=${DB_USER}
      - POSTGRES_PASSWORD=${DB_PASSWORD}
    volumes:
      - database:/var/lib/postgresql/data

volumes:
  drupal-modules:
  drupal-profiles:
  drupal-sites:
  drupal-themes:
  database:
```

5. 進入 https://localhost:8080，並完成 Drupal 的設定，重新啟動來確認所有的 Volume 皆有作用。

根據前面的步驟都把 docker-compose.yml 寫好後，就可以來一鍵啟動了：

```
$ docker compose up --detach
[+] Running 8/8
   Network docker-compose-drupal-practice_default...
   Volume "docker-compose-drupal-practice_database"...
   Volume "docker-compose-drupal-practice_drupal-modules"...
   Volume "docker-compose-drupal-practice_drupal-profiles"...
   Volume "docker-compose-drupal-practice_drupal-sites"...
   Volume "docker-compose-drupal-practice_drupal-themes"...
   Container database...
   Container drupal...
```

接著打開瀏覽器輸入「http://localhost:8080」，就會看到如圖 A-6 所示的畫面。

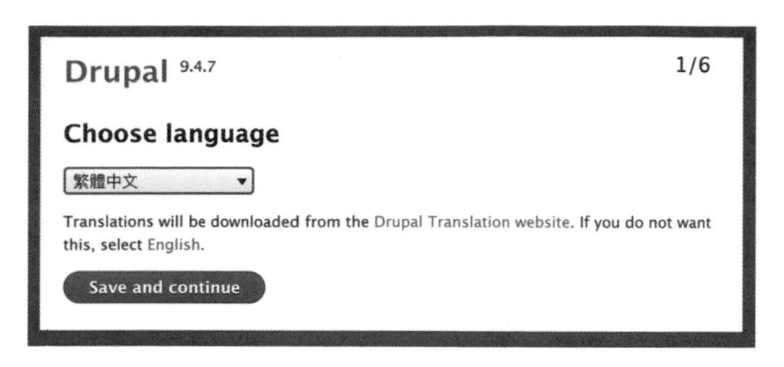

❖圖 A-6 Drupal 設定語言介面

選擇完自己熟悉的語言後，會到下一步，這次練習的重點並不在 Drupal 身上，所以選擇「標準」就可以了，如圖 A-7 所示。

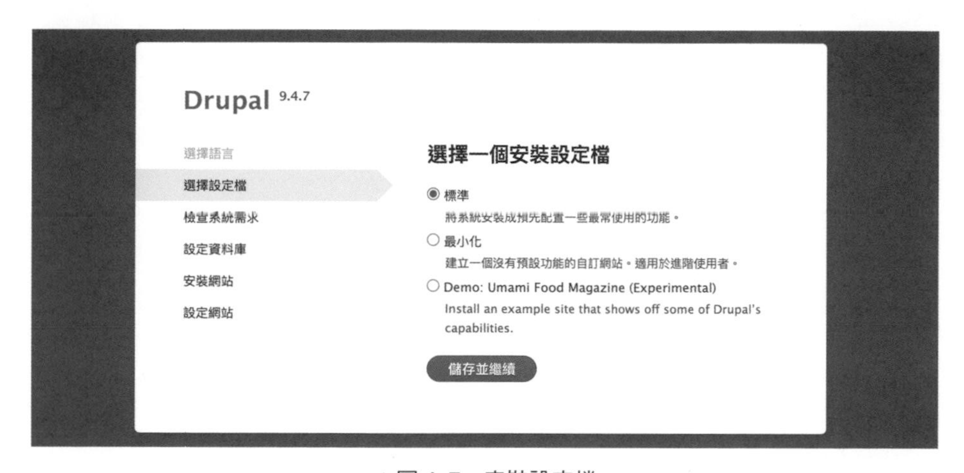

❖圖 A-7 安裝設定檔

接著就會是設定資料庫的頁面，記得最上面要選擇「PostgreSQL」的類型，這裡的資料庫名稱、使用者名稱、密碼等將根據你傳入的環境變數作為答案，也就是 docker-compose.yml 裡面關於 postgres 的設定，你應該會放在 .env 檔案內，並且讓 Docker Compose 自動注入。

下面的「進階選項」點開會發現，原本預設的主機是 localhost，我們有提過對於容器來說，localhost 就等於是容器本身，所以會造成找不到資料庫的錯誤。這裡要填入的是你在 docker-compose.yml 中 servcies 內給予 postgres 容器的名字，作為其在虛擬網路中的 DNS，如圖 A-8 所示。

選擇語言
選擇設定檔
檢查系統需求
設定資料庫
安裝網站
設定網站

資料庫設定

資料庫類型 *
MySQL、MariaDB、Percona Server 或相等的。
PostgreSQL
SQLite

資料庫名稱 *

資料庫的使用者名稱 *

資料庫的密碼

▾ 進階選項

主機 *
database

埠號
5432

資料表前置名稱

如果有一個以上的程式應用共用此一資料庫，可用不同的表名前置詞 - 例如 *drupal_* - 將可避免資料互相衝突。

儲存並繼續

❖圖 A-8　設定資料庫

填寫完畢且沒有任何問題的話，Drupal 就會進入自動安裝的環節，如圖 A-9 所示。

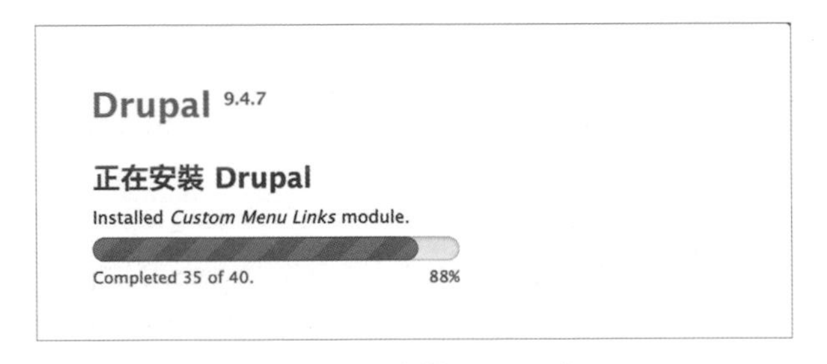

❖圖 A-9　安裝 Drupal 中

安裝完後，網站的設定就交給讀者們自己去設定了，之後會進入到後台的管理系統，先看看尚未設定前的前台畫面，如圖 A-10 所示。

❖圖 A-10　未設定的前台畫面

為了測試drupal的volume都有正確執行，可以點擊「外觀」按鈕，隨便選擇一個外觀進行安裝，並且設定為預設，接著前台的畫面就會改變，如圖A-11所示。

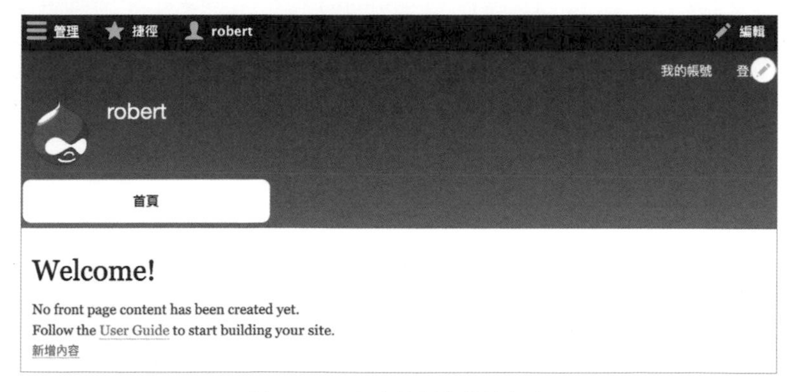

❖圖 A-11　更改外觀後的前台畫面

再來是點擊「內容」按鈕，新增一個「最新消息」來測試資料庫是否有正確的儲存資料，新增完文章後，可以在前台看到文章，如圖A-12所示。

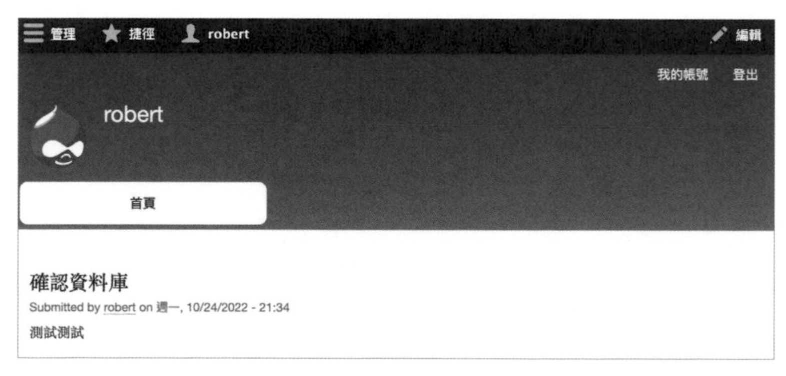

❖圖 A-12　新增的文章

回到終端機，輸入 `docker compose down` 指令來刪除容器及虛擬網路：

```
$ docker compose down
+] Running 3/2
   Container drupal                                   Removed
   Container database                                 Removed
   Network docker-compose-drupal-practice_default     Removed
```

刪除後，再次輸入 `docker compose up --detach` 指令來啟動整個 drupal 應用程式，回到瀏覽器輸入「http://localhost:8080」，若是 volumes 都有正確設定，會看到畫面如同圖 A-12 一樣，儲存著應用程式的狀態。

 6.5.2 客製化映像檔並且 Compose Up 演練

答案可在本書的 GitHub 儲存庫中「ch-06 的 docker-compose-custom-drupal-image-answer」找到。

1. 撰寫 Dockerfile 以 drupal:latest 映像檔為基底。

```
FROM drupal:latest
```

2. 執行 `apt-get update && apt-get install -y git` 指令。

透過 apt 套件工具安裝 Git，以便於後面可以利用 Git 來安裝新的主題：

```
FROM drupal:latest

RUN apt-get update && apt-get install -y git
```

3. 接著執行 `rm -rf /var/lib/apt/lists/*`，記得使用＼以及 && 來串連起一段指令，避免產生兩個映像層。

此指令的動作是清理 apt-get install 後殘留下來的不需要檔案，可以參考 drupal 官方映像檔的作法：

```
FROM drupal:latest

RUN apt-get update && apt-get install -y git && \
    rm -f /var/lib/apt/lists/*
```

4. 接著 WORKDIR 到 /var/www/html/themes。

先進入到存放主題的資料夾內，以便下一個指令能夠安裝在正確的資料夾內：

```
FROM drupal:latest

RUN apt-get update && apt-get install -y git && \
    rm -f /var/lib/apt/lists/*

WORKDIR /var/www/html/themes
```

5. 再來執行 git clone --branch 8.x-3.x --single-branch --depth 1 https://git.drupal.org/project/bootstrap.git。

安裝bootstrap的主題：

```
FROM drupal:latest

RUN apt-get update && apt-get install -y git && \
    rm -f /var/lib/apt/lists/*

WORKDIR /var/www/html/themes

RUN git clone --branch 8.x-3.x --single-branch --depth 1 https://git.
drupal.org/project/bootstrap.git
```

6. 並且串連更改權限的指令 chown -R www-data:www-data bootstrap。

此指令的目的是改變我們下載的bootstrap資料夾的權限，而www-data則是drupal官方映像檔所預設的使用者，所以我們也把資料夾的權限改為預設的使用者www-data：

```
FROM drupal:latest

RUN apt-get update && apt-get install -y git && \
    rm -f /var/lib/apt/lists/*

WORKDIR /var/www/html/themes

RUN git clone --branch 8.x-3.x --single-branch --depth 1 https://git.drupal.
org/project/bootstrap.git && \
    chown -R www-data:www-data bootstrap
```

7. 最後 WORKDIR 到 /var/www/html。

為何最後還要回到這個資料夾呢？原因在於官方的映像檔最後也是預設停留在這個資料夾內，為了不讓啟動時出現非預期的錯誤，這裡必須遵循官方映像檔的設定：

```
FROM drupal:latest

RUN apt-get update && apt-get install -y git && \
    rm -f /var/lib/apt/lists/*

WORKDIR /var/www/html/themes

RUN git clone --branch 8.x-3.x --single-branch --depth 1 https://git.drupal.
org/project/bootstrap.git && \
    chown -R www-data:www-data bootstrap

WORKDIR /var/www/html
```

8. 在 docker-compose.yml 內加入 build 的參數，並且以 `docker compose up --build --detach` 的方式啟動。

這裡的 docker-compose.yml 和 6.5.1 的內容幾乎大同小異，差別就在於 build 的參數設定，如下所示：

```
version: '3.9'

services:
  drupal:
    image: custom-drupal
    build: <- 建置映像檔
      context: .
      dockerfile: Dockerfile
    container_name: drupal
    ports:
      - 8080:80
    volumes:
```

```
      - drupal-modules:/var/www/html/modules
      - drupal-profiles:/var/www/html/profiles
      - drupal-sites:/var/www/html/sites
      - drupal-themes:/var/www/html/themes

  database:
    image: postgres:14-alpine
    container_name: database
    enviroment:
      - POSTGRES_DB=${DB_NAME}
      - POSTGRES_USER=${DB_USER}
      - POSTGRES_PASSWORD=${DB_PASSWORD}
    volumes:
      - database:/var/lib/postgresql/data

volumes:
  drupal-modules:
  drupal-profiles:
  drupal-sites:
  drupal-themes:
  database:
```

接著輸入 docker compose up --build -detach 指令，就會根據當前目錄中的 Dockerfile 來建置客製化的 drupal 映像檔：

```
$ docker compose up --build --detach
[+] Building 0.6s (9/9) FINISHED
 => [internal] load build definition from Dockerfile
 => => transferring dockerfile: 32B
 => [internal] load .dockerignore
 => => transferring context: 2B
 => [internal] load metadata for docker.io/library/drupal:latest
 => [1/5] FROM docker.io/library/drupal:latest
 => CACHED [2/5] RUN apt-get update && apt-get install -y g...
 => CACHED [3/5] WORKDIR /var/www/html/themes
 => CACHED [4/5] RUN git clone --branch 8.x-3.x ...
 => CACHED [5/5] WORKDIR /var/www/html
```

```
 => exporting to image
 => => exporting layers
 => => writing image sha256:a5d6d0711a4d228d3ec1d041...
 => => naming to docker.io/library/custom-drupal
[+] Running 8/8
  Network docker-compose-custom-drupal-image-answer_default
  Volume "docker-compose-custom-drupal-image-answer_drup.."
  Volume "docker-compose-custom-drupal-image-answer..."
  Volume "docker-compose-custom-drupal-im...."
  Volume "docker-compose-custom-drupal-image-answe..."
  Volume "docker-compose-custom-drupal-image-answer_database"
  Container drupal
  Container database
```

9. 啟動後，打開瀏覽器輸入「http://localhost:8080」，點擊「外觀」按鈕，可以看到我們客製化放進去的 bootsrap 主題。

前面的設定方式都和 6.5.1 演練一樣，最重要的就是要確認客製化映像檔是否有效，只要看到外觀內有 Bootstrap 的主題，就證明了我們透過自己撰寫 Dockerfile 來加入新的主題，如圖 A-13 所示。

❖圖 A-13　Bootstrap 的主題

看到 Bootstrap 主題後，就可以算是完成這個演練了。

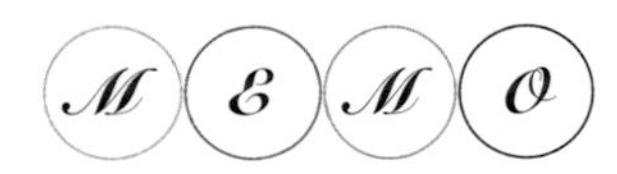
MEMO

MEMO

MEMO

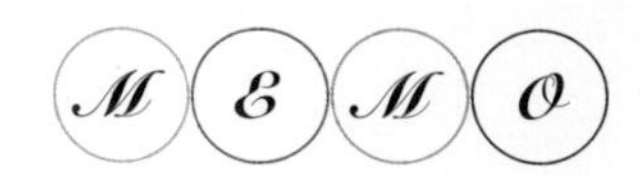

博碩文化

博碩文化

博碩文化